Gestaltung partnerschaftlicher Outsourcingbeziehungen

Eine Fallstudienserie zur Beziehungsqualität zwischen Finanzdienstleistern und ihren Providern

GESTALTUNG PARTNERSCHAFTLICHER OUTSOURCINGBEZIEHUNGEN

Eine Fallstudienserie zur Beziehungsqualität zwischen Finanzdienstleistern und ihren Providern

von
Daniel Beimborn, Stefan Blumenberg, Branimir Brodnik,
Clemens Gunne, Tim Weitzel, Stefan Wendt

ibidem-Verlag
Stuttgart

Bibliografische Information der Deutschen Nationalbibliothek
Die Deutsche Nationalbibliothek verzeichnet diese Publikation in der Deutschen Nationalbibliografie; detaillierte bibliografische Daten sind im Internet über http://dnb.d-nb.de abrufbar.

Bibliographic information published by the Deutsche Nationalbibliothek
Die Deutsche Nationalbibliothek lists this publication in the Deutsche Nationalbibliografie; detailed bibliographic data are available in the Internet at http://dnb.d-nb.de.

∞

Gedruckt auf alterungsbeständigem, säurefreien Papier
Printed on acid-free paper

ISBN-10: 3-89821-926-7

ISBN-13: 978-3-89821-926-6

Printed in Germany

Über die Autoren

Daniel Beimborn, Wissenschaftlicher Assistent, Otto-Friedrich-Universität Bamberg

Daniel Beimborn ist Wissenschaftlicher Assistent am Lehrstuhl für Wirtschaftsinformatik, insb. Informationssysteme in Dienstleistungsbereichen der Otto-Friedrich-Universität Bamberg. Nach Abschluss seines BWL-Studiums an der Goethe-Universität in Frankfurt am Main promovierte er am dortigen Institut für Wirtschaftsinformatik.

Dr. Beimborn ist Autor oder Koautor von über 30 wissenschaftlichen Artikeln sowie zwei Büchern zum Thema Prozessoptimierung, BPO und Business-IT-Alignment in Banken. Seine Forschungsaktivitäten umfassen zudem das Beziehungsmanagement in Outsourcingbeziehungen sowie den Geschäftswertbeitrag von Service-orientierten Architekturen.

Stefan Blumenberg, Wissenschaftlicher Mitarbeiter, Goethe-Universität Frankfurt

Stefan Blumenberg promoviert am Institut für Wirtschaftsinformatik der Universität Frankfurt im Themenfeld „Erfolgsfaktoren für IT-Outsourcingbeziehungen – Wie lässt sich Beziehungsqualität operationalisieren und mit Hilfe welcher Mechanismen steuern?“.

Nach seinem Studium der Betriebswirtschaftslehre hat Herr Blumenberg als Assistent der Geschäftsführung bei dem Aufbau der interdisziplinären Forschungseinrichtung E-Finance Lab Erfahrungen im Bereich von Private-Public-Partnerships gesammelt. Freiberufliche Tätigkeiten als Berater ergänzen seine akademischen Erfahrungen.

Branimir Brodnik, Geschäftsführender Gesellschafter, microfin Unternehmensberatung GmbH

Branimir Brodnik ist Gründer und seit 2002 geschäftsführender Gesellschafter der microfin. Im Rahmen seiner bisherigen Tätigkeiten hat Herr Brodnik fundiertes Wissen und Erfahrungen in den Themen IT-Outsourcing (strategische Entscheidungen, Due Diligences und Transitionen), Projektmanagement, Service- und Account-Management sammeln können. Zuvor war Herr Brodnik bei einer Management-Beratung als Senior Berater in IT-Strategie-Projekten im Bankenbereich und bei einem deutschen Systemhaus als Entwicklungs- und Projektleiter für Systemintegrationen überwiegend im Versicherungssektor tätig. Bankfachliches Wissen kann Herr Brodnik in den Themen Kernbanksysteme und Kreditentscheidungsprozesse vorweisen. Herr Brodnik hat an der J.W. Goethe Universität in Frankfurt sein Studium der Informatik mit Nebenfach Medizin erfolgreich absolviert.

Clemens Gunne, Projektleiter, microfin Unternehmensberatung GmbH

Clemens Gunne ist ein erfahrener Projektleiter im Finanzdienstleistungsumfeld. Seine Expertise reicht von klassischer Software-Implementierung über Organisationsgestaltung bis hin zu strategischen Themen.

Herr Gunne ist gelernter Banker und studierte Volkswirtschaft. Sein „Know-how not just Knowledge" sammelte er seit 1994 in verschiedenen Beratungshäusern. Prägend waren u. a. Coopers&Lybrand und CONTEXT; bei microfin hat er einige Sourcing-Projekte begleitet und gemeinsam mit der Universität Frankfurt die vorliegende Studie zur Wertigkeit der Beziehung beim IT-Outsourcing unternommen.

Tim Weitzel, Professor für Wirtschaftsinformatik, Otto-Friedrich-Universität Bamberg

Tim Weitzel ist Inhaber des Lehrstuhls für Wirtschaftsinformatik, insb. Informationssysteme in Dienstleistungsbereichen. Er leitet daneben die Outsourcing- und IT-Business-Alignment-Projekte am Institut für Wirtschaftsinformatik an der J. W. Goethe-Universität in Frankfurt.

Die Forschungsschwerpunkte von Prof. Weitzel liegen im Bereich Outsourcing, IT-Wertschöpfung und IT-Business-Alignment, Standards, E-HR und E-Finance. Er ist Autor über 100 wissenschaftlicher und technischer Veröffentlichungen sowie von 7 Fachbüchern.

Stefan Wendt, Projektleiter, microfin Unternehmensberatung GmbH

Stefan Wendt ist voll ausgebildeter Jurist, mit Zusatzausbildung im Bereich Betriebswirtschaftslehre. Er ist seit 2003 bei der microfin Unternehmensberatung als Senior Berater und Projektleiter beschäftigt. In den vergangenen Jahren war er vor allem innerhalb von Sourcing-Großprojekten in der Financial-Services-Branche erfolgreich für die Teilprojekte „Recht und Vertrag“ verantwortlich. Seine Tätigkeitsschwerpunkte liegen im Bereich des Legal Managements. Vor seinem Engagement in der microfin war Stefan Wendt in der Heyde AG als Vorstandsreferent tätig.

Zu seinen juristischen Spezialgebieten zählen vor allem das IT-(Vertrags-) sowie das Wirtschaftsrecht. Vor diesem Hintergrund hat Herr Wendt seine Arbeitsschwerpunkte u. a. in den Bereichen IT-Outsourcing und Service Level Management sowie in der Prozessgestaltung.

Inhaltsverzeichnis

Management Summary

*Outsourcingerfolg ist bestimmt durch **Vertragsqualität** und **Beziehungsqualität***

Was macht Outsourcing erfolgreich? Im Einklang mit der jüngeren Forschung und Praxiserfahrungen zeigt diese Studie, dass der Erfolg von Outsourcingprojekten neben der **Vertragsqualität** durch die **Beziehungsqualität** zwischen Outsourcer und Dienstleister bestimmt wird. Der Grund liegt darin, dass Verträge nicht alle Eventualitäten und Entwicklungen perfekt antizipieren können und die Gestaltung der Beziehung damit den Vertrag komplementiert und Flexibilität sowie das langfristige Wahren und Erreichen der eigenen Ziele ermöglicht. Entsprechend zeigt sich, dass erfolgreiche Outsourcer stets eine gute Outsourcingbeziehung aufweisen und aktives Beziehungsmanagement betreiben. Unklar bleibt bislang, was genau die Qualität einer Outsourcingbeziehung ausmacht und wie diese verbessert werden kann. Diese Studie konkretisiert die wichtigsten Dimensionen einer erfolgreichen Outsourcingbeziehung und zeigt effektive Maßnahmen, die Beziehungsqualität zu gestalten.

Ergebnisse

Diese Studie zeigt aufbauend auf der Outsourcingliteratur und einer von den Autoren durchgeführten ausführlichen Fallstudienserie unter 18 Outsourcern und Dienstleistern die wichtigsten **Dimensionen einer erfolgreichen Outsourcingbeziehung:**

1. Vertrauen
2. Kommunikationsqualität
3. fachliches Verständnis
4. Einflussmöglichkeit
5. Commitment
6. Konflikt
7. Konsens
8. Kongruenz
9. Flexibilität
10. Nachsicht

sowie effektive Maßnahmen, die Beziehungsqualität zu gestalten:

a) Interaktionsstruktur
b) formale Interaktion
c) Informelle Interaktion
d) Vertragsgestaltung
e) Kontrollmechanismen

Die Dimensionen und Maßnahmen werden aus der Literatur und den Fallstudien hergeleitet, konkretisiert und dann in ihrer Beziehung zu Outsourcingerfolg sowohl aus Outsourcersicht als auch aus Dienstleistersicht beschrieben. Ausgewählte wichtige Ergebnisse sind:

Erwartungsmanagement ist wichtig: Insgesamt zeigt sich ein deutlicher Zusammenhang zwischen Beziehungsqualität und Outsourcingerfolg. Ohne eine gute Beziehungsqualität kann kaum ein hoher Outsourcingerfolg erreicht werden. Die Ergebnisse unterstreichen die Bedeutung einer gezielten Gestaltung und Pflege der Beziehungsqualität. Eine zentrale Maßnahme ist dabei ein aktives Erwartungsmanagement. Geeignete Maßnahmen sind u. a. Roadshows der Anbieter auch und gerade in späteren Phasen der Dienstleistungsbeziehung, die in diesem Zusammenhang auch helfen, beidseitige Erwartungen in Einklang zu bringen. Im Rahmen eines aktiven Erwartungsmanagements ist es auch wichtig, dass Service Level Agreements (SLAs) nicht nur formuliert, sondern vor allem bei den internen IT-Kunden auch bekannt sind. Hier wird deutlich, dass Beziehungsmanagement die Abstimmung formaler (SLAs) und informeller Aspekte (Wissen um SLAs zum Ermöglichen von Vertrauen in IT-Dienste) beinhalten muss.

Vertrauen und Kontrolle sind komplementär: Etwas unerwartet zeigt sich, dass stringente Kontrolle keinesfalls Vertrauen verhindert sondern erst ermöglicht und unterstützt. So ermöglicht die Objektivierung der Leistungsgüte den Abbau von Misstrauen und ist somit wichtiger Bestandteil des Erwartungsmanagements. Diese „Objektivierung von Bauchgefühlen“ bei internen IT-Kunden des Outsourcers war bei intern erbrachter IT kaum möglich, weswegen die Auslagerung dann auch durch diese Nutzergruppe als Fortschritt gesehen werden kann.

Kaum Leistungsverfall im Zeitablauf: Im Kontrast zu Befürchtungen des schleichenden Leistungsverfalls im Zeitablauf berichten fast alle befragten Unternehmen und Dienstleister, dass die Qualität der erbrachten IT-Leistungen während der Outsourcingbeziehung zunimmt. Der Grund ist, dass Lern- und Routinisierungsgewinne die schwierige Transition („Tal der Tränen“), die etwa ein Jahr dauert, ablösen.

Informelle Kommunikation muss ermöglicht werden: Da informelle Kommunikation effektiv Beziehungsqualität steigern kann, sollte diese ermöglicht werden. Dies kann zuvorderst über räumliche Nähe geschehen, z. B. durch die Etablierung eines Providermanagementbüros im Haus des Kunden als kontinuierlich besetzte Anlaufstelle, was dann zu Flurgesprächen, gemeinsamen Mittagessen und freundschaftlichen Beziehungen führen kann.

Abgestimmte Eskalationen vereinbaren: Ein weiterer Erfolgsfaktor zwischen Vertrag und gelebter Beziehung ist die Einigung auf „abgestimmte Eskalationen", indem Schlüsselfiguren auf beiden Seiten ein (auch inoffizielles) Verfahren festlegen und leben, das es ermöglicht, auf Augenhöhe zu klären, was, wann, warum und wie eskaliert wird. Damit bekommt der Dienstleister die Chance, lösungsorientiert zu agieren statt eigenes Management zu „besänftigen".

Die Fallstudien zeigen auch interessante **Detailbeobachtungen**, so zum Beispiel dass Kapitalverflechtungen zwischen Outsourcer und Dienstleister bemerkenswerte ungewünschte Nebeneffekte haben können. In einem Fall konnte durch eine Neubesetzung einiger Schlüsselstellen (unabhängig von beobachteten Problemen) sowie eine Kapitalentflechtung ein katastrophales Vertrauensverhältnis normalisiert werden.

1 Einführung

Seit die Firma Kodak 1989 ihre gesamte Informationstechnologie (IT) an einen externen IT-Dienstleister (Provider) ausgelagert hat, ist das Themenfeld Outsourcing sowohl für Wissenschaftler als auch für Unternehmen in der Industrie durchgängig von Interesse (Dibbern et al. 2004) gewesen. Viele Unternehmen haben seit dieser vielzitierten Outsourcingentscheidung einen ähnlichen Weg eingeschlagen und ihre gesamte IT oder zumindest Teile davon ausgelagert. Die Motivation hinter Outsourcingentscheidungen ist sehr vielschichtig, lässt sich aber im Wesentlichen durch zwei Phänomene erklären (Lacity und Willcocks 2001). Veränderte Geschäftsstrategien, die eine Abkehr von monolithischen Unternehmensstrukturen hin zur Konzentration auf die Kernkompetenzen beinhalten, erzeugen bei vielen Unternehmen ein Interesse am Outsourcing (Lacity und Willcocks 2001) der IT, da diese von vielen Unternehmen nicht als eine ihrer Kernkompetenzen angesehen wird. Daneben führt der oft unklare Beitrag, den die IT zur Gesamtwertschöpfung beisteuert, in Kombination mit erheblichen Kosten für die IT bei vielen Entscheidungsträgern dazu, eine Kostenreduktion sowie eine Erhöhung der Kostentransparenz über IT-Outsourcing erreichen zu wollen (Dibbern et al. 2004).

Eine Entscheidung zu Gunsten eines IT-Outsourcing zieht verschiedene Phasen nach sich, die in Abbildung 1 dargestellt sind.

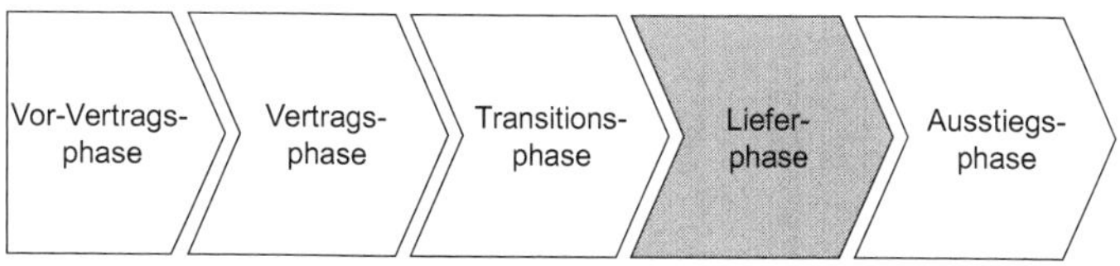

Abbildung 1. Outsourcingphasen (Quelle: Dibbern et al. 2004)

Die vorliegende Studie konzentriert sich ausschließlich auf die Lieferphase des Outsourcing, in der der Provider die in den vorherigen Phasen vorbereiteten Leistungen erbringt. In dieser Phase sind andere Fragestellungen relevant als in den vor- oder nachgelagerten Schritten, in denen es z. B. um die Providerauswahl oder die Frage eines Betriebsüberganges geht.

Die Kernfrage innerhalb der Lieferphase ist die optimale Steuerung des Providers (Clark et al. 1998; McFarlan und Nolan 1995), die durch zwei Ansätze beantwortet wird. Einerseits werden üblicherweise in Verträgen die gegenseitigen Leistungsverpflichtungen festgelegt (Bakos und Brynjolfsson 1993). Andererseits erfordert das Funktionieren einer Outsourcingbeziehung die tagtägliche effektive Zusammenarbeit beider Unternehmen auf einer Beziehungsebene. Der erste Ansatz (Vertragsmanagement) ist in der wissenschaftlichen Literatur in den letzten Jahren detailliert untersucht worden (Gellings 2007; Gellings und Wüllenweber 2006; Kern und Willcocks 2000a; Lacity und Hirschheim 1993b). Besonderes Interesse lag u. a. darin, die für einen Outsourcingvertrag notwendigen Elemente zu definieren und deren Auswirkungen auf den Outsourcingerfolg zu untersuchen (Anderson und Dekker 2005; Gellings 2007).

Die wissenschaftlichen Untersuchungen zu den Beziehungselementen, die sich im Gesamtkontext der Providersteuerung, verglichen mit den vertraglichen Regelungen, als bedeutender für den Outsourcingerfolg herausgestellt haben (Wüllenweber et al. 2008), beschränken sich im Wesentlichen auf sehr abstrakte und hauptsächlich konzeptionelle Arbeiten. Zwar haben Grover et al. (1996) die Bedeutung einer guten Beziehung zwischen auslagernden Unternehmen und deren Provider auf den Outsourcingerfolg beschrieben, ohne dass allerdings in den nachfolgenden Jahren versucht wurde, das abstrakte Element der Beziehungsgüte zu operationalisieren (abgesehen von einigen wenigen Ausnahmen (Goles und Chin 2005; Lee und Kim 1999). Aufbauend auf diesen ersten Arbeiten ist das Ziel der vorliegenden Studie die Identifikation und Operationalisierung von Dimensionen der Beziehungsqualität und deren Einflussfaktoren sowie deren Auswirkung auf den Outsourcingerfolg in der Finanzdienstleistungsindustrie in Deutschland.

Basierend auf einem theoretischen Modell wurden dazu im Rahmen einer Fallstudienserie acht Banken sowie zehn Provider befragt. Als Ergebnis zeigt sich, dass erfolgreiche Outsourcer stets eine gute Outsourcingbeziehung aufweisen und aktives Beziehungsmanagement betreiben. Dabei ist ein gutes Erwartungsmanagement von besonderer Bedeutung, um beidseitige Erwartungen in Einklang zu bringen. Etwas unerwartet zeigt sich, dass stringente

Kontrolle keinesfalls Vertrauen verhindert sondern erst ermöglicht und unterstützt. So erlaubt die Objektivierung der Leistungsgüte den Abbau von Misstrauen und ist somit wichtiger Bestandteil des Erwartungsmanagements.

Die Studie ist wie folgt aufgebaut: In Kapitel 2 wird das der Arbeit zugrunde liegende theoretische Modell und sein Beitrag zur bisherigen Literatur erläutert. Kapitel 3 geht auf das Studiendesign ein und stellt die teilnehmenden Unternehmen vor. In Kapitel 4 werden die Ergebnisse, unterteilt nach Finanzdienstleistern und Providern, dargestellt. Abschließend folgen in Kapitel 5 die Managementempfehlungen.

2 Forschungsmodell: Beziehungsqualität in Sourcing-Beziehungen

2.1 Stand der bisherigen Forschung

Die wissenschaftliche Literatur befasst sich seit Mitte der 1980er Jahre mit dem Outsourcing von IT-Diensten von Unternehmen an spezialisierte Dienstleister (Dibbern et al. 2004). Die wissenschaftliche Literatur fokussiert dabei auf die Phase der Outsourcingentscheidung mit dem Schwerpunkt auf Fragen wie „*wieso* sollte IT ausgelagert werden?" (Loh und Venkatraman 1992), „*welche* IT-Bestandteile sollten ausgelagert werden?" (Dibbern et al. 2004) bis hin zur Frage nach den Entscheidungsprozessen beim Outsourcing (Ang und Straub 1998). In der Phase der Implementierung, in der das Aufbauen und die Gestaltung einer guten Outsourcingbeziehung im Vordergrund stehen, sowie in der Phase der laufenden Beziehung fokussiert die wissenschaftliche Literatur bisher hauptsächlich auf die Gestaltung des Outsourcingvertrages (Gellings und Wüllenweber 2006). Dieser stellt die Grundlage für eine Outsourcingbeziehung dar und erfasst alle zwischen den Parteien schriftlich gefassten Beschlüsse über die Qualitätsniveaus der zu erbringenden Leistungen, Sanktionen bei Fehlleistungen, Bepreisung der Leistung etc. (Lacity und Hirschheim 1993b). Zu Beginn geschlossene Verträge haben jedoch das Problem, dass sie nicht alle in der Zukunft möglicherweise eintretenden Situationen berücksichtigen können. Man spricht daher in diesem Zusammenhang von *inhärent unvollständigen Verträgen*. (Hart 1988; MacNeil 1980).

Um diese Schwäche zu adressieren, wurde die Bedeutung einer guten partnerschaftlichen Beziehung als Komplement zu einem gründlichen Vertrag – wenn auch erst sehr spät – von der wissenschaftlichen Literatur erkannt (Klepper 1995; Lacity und Willcocks 1995; McFarlan und Nolan 1995). In einer ersten empirischen Untersuchung haben Grover et al. (1996) die Bedeutung einer partnerschaftlichen Beziehung auf den Erfolg von Outsourcing untersucht. Dabei ist die Bewertung einer partnerschaftlichen Beziehung mit rudimentären Elementen, wie *Vertrauen* und *Commitment* erfolgt. Als erste Autoren haben Lee und Kim (1999) zwischen den Dimensionen von Beziehungsqualität und deren Einflussfaktoren unterschieden. In einer Reihe nachfolgender Veröffentlichungen (Goles 2001; Kern und Blois 2002; Kern und Willcocks 2000b; Kern und Willcocks 2002; Kishore et al. 2003) sind weitere Erkenntnisse zur Steuerung einer Outsourcingbeziehung mittels Beziehungsmechanismen gewonnen worden. Diese Ergebnisse wurden von Goles und Chin (2005) zusammengefasst und mittels eines empirischen Datensatzes überprüft. Als Ergebnis identifizieren sie sechs Dimensionen der Beziehungsqualität (*attributes*) sowie fünf Einflussfaktoren (*processes*), die bei der Auslagerung von IT an spezialisierte Provider von Bedeutung sind. Gleichzeitig weisen sie darauf hin, dass diese Zusammenstellung nicht vollständig ist und zur Beantwortung der Frage, welche Dimensionen die Beziehungsqualität sowie die Einflussfaktoren ausmachen, weitere konzeptionelle und empirische Forschung notwendig ist.

In der vorliegenden Studie wird diese Forderung adressiert, indem das im folgenden Abschnitt entwickelte Forschungsmodell zur Messung von Beziehungsqualität sowie zur Erfassung der relevanten Einflussfaktoren in Fallstudien detailliert überprüft und ggfs. um weitere, bisher nicht in der Literatur berücksichtigte Elemente ergänzt wird.

Die Messung der abstrakten Elemente einer Outsourcingbeziehung erfolgt über sogenannte Indikatoren. Dies sind Messfragen, die eine Erhebung der abstrakten Konstrukte in einer Outsourcingbeziehung, wie z. B. *Vertrauen* oder *Nachsicht*, ermöglichen. Die Qualität und die Anzahl an Indikatoren je Konstrukt beeinflusst die statistische Auswertbarkeit und somit die Qualität der Ergebnisse erheblich. In der bisherigen Literatur finden sich maximal drei Indikatorfragen zu jedem Konstrukt, in den meisten Fällen werden diese Konstrukte mit nur zwei Indikatoren bemessen (Blumenberg et al. 2008). Dabei fällt bei vielen der bisher in der Literatur genutzten Indikatoren auf, dass diese für ein Konstrukt nur minimal voneinander abweichen. In Einzelfällen handelt es sich dabei um reine Reformulierungen. Eine Identifikation von weiteren Indikatoren, welche die Konstrukte von IT-Outsourcingbeziehungen messen können, ist ein wichtiger Schritt hin zu einer statistisch zuverlässigen Datenbasis. In einem ersten Schritt haben wir daher mittels einer Delphi-Studie mit outsourcingerfahrenen Spezialisten Indikatoren zur Messung der verschiedenen Facetten von Beziehungsqualität erhoben, die in der hier vorgestellten Fallstudienserie getestet werden.

2.2 *Vorstellung des Forschungsmodells*

Abbildung 2 zeigt das Forschungsmodell, welches dieser empirischen Studie zugrunde liegt. Dabei werden die Abhängigkeiten zwischen der Beziehungsqualität, dem Outsourcingerfolg sowie den vorgelagerten Einflussfaktoren untersucht.

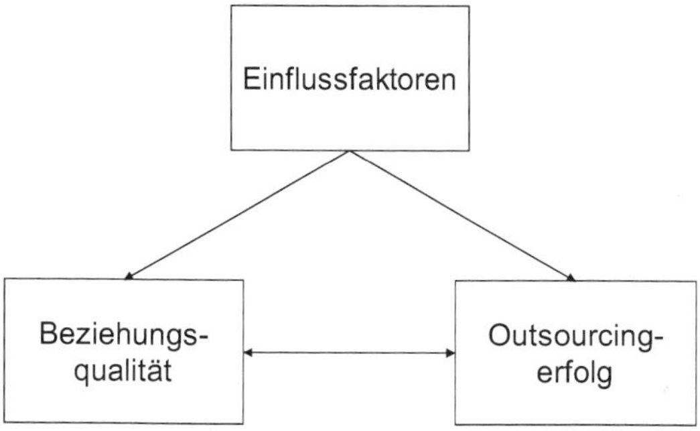

Abbildung 2. Forschungsmodell

Die wissenschaftliche Literatur hat an vielen Stellen den positiven Einfluss einer guten Beziehungsqualität auf den Outsourcingerfolg gezeigt (Goles 2003; Grover et al. 1996; Lee 2001; Lee und Kim 1999; Lee et al. 2008). Zwischen der Beziehungsqualität und dem Outsourcingerfolg besteht eine wechselseitige Abhängigkeit. Bewertet ein Finanzdienstleister das Outsourcing aufgrund eines hohen Zielerreichungsgrades und einer hohen Servicequalität als erfolgreich, wird sich die Beziehungsqualität tendenziell analog positiv entwickeln. Zwischen einem Finanzdienstleister (FDL) und seinem Provider kann sich bei einem erfolgreichen Outsourcing eher eine vertrauensvolle Situation entwickeln, als wenn die Beziehung geprägt ist von einer Situation des Misserfolgs. Sowohl die Beziehungsqualität als auch der Outsourcingerfolg werden von verschiedenen Faktoren beeinflusst. So kann in regelmäßigen Treffen zwischen dem FDL und seinem Provider (Kommunikationsintensität) einerseits die Vertrauensbeziehung vertieft werden (Anderson und Narus 1990; Willcocks und Kern 1998), aber auch gemeinsam am

Erfolg des Outsourcing gearbeitet werden, indem der FDL dem Provider detailliert seine Anforderungen erläutert (Lee 2001) und dieser ihn frühzeitig auf eventuell auftretende Probleme hinweist.

Der Begriff der **Beziehungsqualität** in Bezug auf eine IT-Dienstleistungsbeziehung zwischen Unternehmen und ihren Providern wird häufig verwendet, um die abstrakte und schwer zu messende informelle Steuerung zwischen beiden Parteien zu beschreiben. Obwohl sich die wissenschaftliche Literatur schon seit über 15 Jahren mit IT-Outsourcing beschäftigt, gibt sie nur wenig Anhaltspunkte, wie sich Beziehungsqualität operationalisieren lässt. Wir werden die Beziehungsqualität im Folgenden durch zehn verschiedene Dimensionen beschreiben (Abbildung 3), um sie greif- und messbarer zu machen.

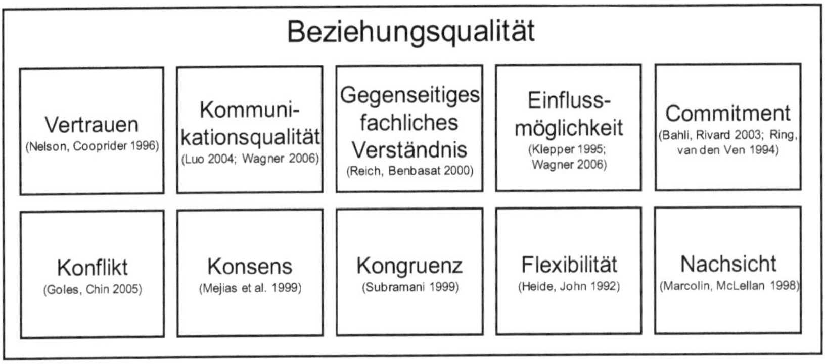

Abbildung 3. Dimensionen der Beziehungsqualität

Diese Aufteilung basiert auf den Arbeiten von Lee und Kim (1999), Goles (2001), Goles und Chin (2005) sowie eigenen Arbeiten (Beimborn und Blumenberg 2007; Blumenberg 2008; Blumenberg et al. 2008), in denen Elemente aus der IT-Business-Alignment-Literatur (Bergeron et al. 2004; Luftman et al. 1999; Reich und Benbasat 2000; Tiwana et al. 2003; Wagner und Weitzel 2006), der Marketing-Literatur (Anderson und Narus 1990; Dwyer et al. 1987; Mohr und Spekman 1994) sowie der Literatur zu interorganisationalen Beziehungen (Ring und Van de Ven 1994; Teo et al. 2003) herangezogen wurden. Auf die zehn Dimensionen der Beziehungsqualität wird im Folgenden eingegangen.

Vertrauen in einer Outsourcingbeziehung beinhaltet die Erwartung, dass sich der Partner wohlwollend und offen gegenüber der anderen Partei verhält und kein opportunistisches Verhalten an den Tag legt (Ring und Van de Ven 1994). Empirische Studien haben belegt, dass Vertrauen zwischen Unternehmen und ihren IT-Providern eine der fundamentalen Grundlagen für eine gute und proaktive Zusammenarbeit ist. Ein wichtiger Indikator für das Vorliegen von Vertrauen gegenüber dem Sourcing-Partner ist der Einbezug in eigentlich interne Vorgänge (z. B. Strategieentwicklung) (Das und Teng 2001).

Kommunikationsqualität beschreibt den Grad der Effizienz und Effektivität im Informationsaustausch zwischen dem FDL und seinem Provider (Marcolin und Ross 2005). Dabei soll die Lösung von Konflikten professionell und schnell geschehen.

Das *gegenseitige fachliche Verständnis* erfasst zum einen den Grad bankfachlicher Kompetenz aufseiten des Providers und zum anderen die IT-Kompetenz aufseiten des FDL (Lee und Kim 1999). Dabei können Mitarbeiter mit Doppelqualifikation in Form einer gemischt technischen und betriebswirtschaftlichen Ausbildung oder Berufserfahrung eingesetzt werden. Ein gutes gegenseitiges fachliches Verständnis zeigt sich u. a. durch die beidseitige Fähigkeit, in einer gemeinsamen (fachlichen) Sprache kommunizieren zu können, bspw. durch die Adoption eines gemeinsamen einheitlichen IT-Vokabulars (Lee und Kim 1999), sowie durch bankfachliches Verständnis bei den Mitarbeitern auf der Providerseite.

Die *Einflussmöglichkeit* innerhalb einer Outsourcingbeziehung ist die positiv konnotierende Möglichkeit, die Entscheidungen des Partners beeinflussen zu können. Eine gute Beziehung ist dadurch gekennzeichnet, dass ein Partner dem anderen Partner die Möglichkeit einräumt, Einfluss auf eigentlich interne Vorgänge und Strukturen auszuüben, um die gemeinsame Beziehung zu verbessern (Klepper 1995).

Unter *Commitment* wird die Bereitschaft des Providers verstanden, die Beziehung zum Kunden langfristig aufrecht zu erhalten und dafür proaktiv entsprechende Ressourcen einzusetzen (Goles und Chin 2005).

Die Menge der *Konflikte*, die in einer Outsourcingbeziehung auftreten, wird hier als Negativbestandteil der Beziehungsqualität einbezogen. Eine geringe Anzahl von Konflikten zwischen beiden Parteien steht tendenziell für eine hohe Beziehungsqualität (Goles und Chin 2005).

Als *Konsens* wird das Ausmaß des grundsätzlichen Einvernehmens zwischen den Parteien einer Outsourcingbeziehung verstanden (Mejias et al. 1996).

Unter *Kongruenz* wird im Outsourcingkontext das Ausmaß verstanden, in dem Partner gemeinsam „an einem Strang" ziehen und deckungsgleiche Denkweisen haben (Subramani et al. 1999).

Innerhalb einer Outsourcingbeziehung ist es besonders wichtig, dass der Provider auf die Änderungswünsche seines Kunden sowie auf grundlegende Änderungen der Umwelt *flexibel* reagiert (Heide und John 1992).

Eine gute Beziehung lebt davon, dass die Partner bei Problemen nicht sofort die Schuldfrage in den Vordergrund rücken und jede kleine Störung eskalieren, sondern im Sinne einer langfristig erfolgreichen Partnerschaft gegenseitige Freiräume einräumen und Fehler des Gegenübers bis zu einem gewissen Grad unkommentiert lassen (*Nachsicht*) (Marcolin und Ross 2005; Parkhe 1993).

In Abbildung 4 werden die **Einflussfaktoren** dargestellt, die sowohl die Beziehungsqualität als auch den Outsourcingerfolg beeinflussen.

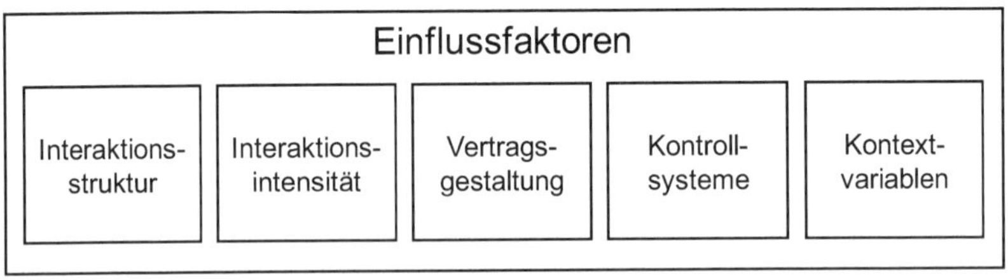

Abbildung 4. Einflussfaktoren

Die *Interaktionsstruktur* innerhalb einer Outsourcingbeziehung dient als Basis zum Austausch von Informationen und schafft die Grundlage für Kommunikation zwischen den Unternehmen. In den Fallstudien wurde untersucht, welche allgemeinen Kommunikationsstrukturen (Ansprechpartner, Meetings etc.)

implementiert und welche dedizierten Strukturen zum Austausch von Wissen und zur Lösung von Konflikten verabredet wurden. Dies können Job-Rotation, Hospitation, Schulungen oder gemeinsame Arbeitsgruppen sowie auch elektronische Informationssysteme sein.

Die *Interaktionsintensität* beschreibt die Häufigkeit, mit der zwischen den Partnern kommuniziert wird (Martin Jr. 1979). Dabei beinhaltet die Kommunikation formale als auch informelle Elemente, die auf verschiedenen hierarchischen Ebenen genutzt werden können.

Die *Vertragsgestaltung* spielt eine wichtige Rolle für eine erfolgreiche Beziehung. In dem Vertrag werden die künftig zu erbringenden Leistungen des Providers sowie die Verpflichtungen des Kunden und alle weiteren relevanten Faktoren festgelegt. In der wissenschaftlichen Literatur wird gezeigt, dass die Gestaltung des Outsourcingvertrages einen starken Einfluss auf die Beziehungsqualität hat (Goo und Nam 2007; Poppo und Zenger 2002). Dabei zeigen Goo und Nam (2007) die positive Wirkung eines gründlich formulierten Vertrages auf die Beziehungsqualität in Form gegenseitigen Vertrauens sowie der Bereitschaft, die Beziehung langfristig aufrechtzuerhalten.

Die *Kontrolle* der vom Provider erbrachten IT-Dienstleistungen hat für die FDL eine hohe Bedeutung zur Aufrechterhaltung ihrer Aufgaben. Dabei kann sich die Überwachung der Leistungserbringung auf die Kontrolle der vom Provider erhaltenen Reports beschränken oder auch die Nutzung eines eigenen Kontrollsystems durch die FDL einbeziehen. Neben dieser operativen Kontrollleistung signalisieren manche Provider dem FDL gegenüber ihre Qualifikation, indem sie beispielsweise Schulungen der Mitarbeiter gegenüber ihren Kunden nachweisen.

Die *Kontextvariablen* erfassen die nicht direkt und unmittelbar vom FDL sowie vom Dienstleister beeinflussbaren Eigenschaften innerhalb sowie zwischen beiden Unternehmen, welche aber dennoch einen Einfluss auf die Beziehungsqualität haben. Dieses sind u. a. die Dauer der Beziehung sowie kulturelle Unterschiede zwischen den Unternehmen.

Der **Outsourcingerfolg** ist in der Literatur über vielfältige Maßzahlen erhoben worden. So bewerteten Lacity und Hirschheim (1993a) den Erfolg über die Realisierung der Erwartungshaltung des Auslagernden, Goles (2003) über die Zufriedenheit der Befragten, Aubert et al. (1999) über die Vermeidung von Risiken oder unerwünschten Outsourcingergebnissen, Lacity und Willcocks (1998) über quantitative Maßzahlen sowie Grover et al. (1996) und Lee und Kim (1999) entlang ökonomischer, technologischer und strategischer Dimensionen.

Im Vordergrund einer Outsourcingbeziehung steht aufseiten des auslagernden Unternehmens der Wunsch nach dem Erhalt einer möglichst guten Leistung zu möglichst niedrigen Kosten. Um die Leistung des Providers zu bewerten, befragen wir die FDL nach der vom Provider erhaltenen Servicequalität, da diese der zentrale Bestandteil einer Outsourcingbeziehung sind, auf die alle Bemühungen in der Beziehung zwischen Kunden und ihren Providern ausgerichtet sind bzw. sein sollen. Die Erhebung der Servicequalität erfolgt mit dem Instrument SERVQUAL, das ursprünglich von Parasuraman, Berry und Zeithaml (1991; 1985; 1994) entwickelt wurde. In der von Kettinger (1997) für die Bewertung von IT-Leistungen angepassten Form werden drei verschiedene Dimensionen von Servicequalität unterschieden: (1) *reliability* (Zuverlässigkeit), (2) *responsiveness* (Reaktionsfreudigkeit) und (3) *assurance* (Souveränität).

Die Bewertung des Outsourcingerfolgs auf Seiten der Provider ist ungleich schwieriger. In den Interviews hat sich gezeigt, dass die Provider vorrangig wirtschaftliche Größen zur Bewertung des Erfolgs ihrer Outsourcingdienstleistungen zu Grunde legen. Allerdings sind auch strategische Bewertungen (Ermöglicht der Kunde den Zugang zu einer bisher nicht besetzten Branche des Marktes oder bestehen potenzielle zusätzliche Umsatzmöglichkeiten durch diesen Kunden?) von Bedeutung.

3 Durchführung der Untersuchung

3.1 Studiendesign

Fallstudien sind ein in der wissenschaftlichen Forschung anerkanntes Instrument, um einerseits bestehende Modelle zu überprüfen (strukturüberprüfendes Vorgehen) (Yin 2003), als auch andererseits bisher in der wissenschaftlichen Literatur nicht erfasste Elemente zu entdecken (strukturschaffendes Verfahren) (Yin 2003). Die Gestaltung einer Fallstudie unterliegt dabei strengen Regeln, welche die Validität des Forschungsansatzes sicherstellen (Dubé und Paré 2003)[1].

Basis der durchgeführten Interviews mit einer durchschnittlichen Dauer von eineinhalb bis zwei Stunden ist ein semistrukturierter Fragebogen, der einerseits geschlossene aber auch offene Fragen enthält. Diese Fragestruktur erlaubt die Überprüfung des vorhandenen Modells (geschlossene Fragen), lässt aber genügend Spielraum, um neue Elemente zur erkunden (offene Fragen). Die offenen Fragen geben den Befragten die Möglichkeit, aus ihrem Erfahrungsschatz zu berichten und erlauben eine tiefgehende Analyse der untersuchten Outsourcingbeziehungen.

Die gestellten Fragen wurden dabei aus zwei verschiedenen Quellen gewonnen. In einer detaillierten Analyse über die in der wissenschaftlichen Literatur vorhandenen Ansätze zur Erfassung von IT-Outsourcingbeziehungen ist als Ergebnis eine Sammlung von Messfragen in den Fragebogen eingeflossen. Wie in Kapitel 2.1 erläutert, muss hier aber hervorgehoben werden, dass diese Messfragen aus der wissenschaftlichen Literatur an vielen Stellen unvollständig und unpräzise sind. Daher wurde vor der Fallstudienserie eine zweistufige Expertenbefragung mit dem Ziel der Gewinnung von Messfragen zu den Dimensionen der Beziehungsqualität sowie deren Einflussfaktoren durchgeführt. Im Rahmen dieser zweistufigen Analyse wurden IT-Outsourcing-erfahrene Experten in der ersten Stufe befragt, mit welchen Messfragen sie die in Abbildung 3 dargestellten zehn Dimensionen der Beziehungsquali-

[1] Detaillierte Informationen über das Vorgehen bei Fallstudienserien finden sich bei Dubé und Paré (2003), Eisenhardt (1989) sowie Yin (2003).

tät sowie Teile der in Abbildung 4 dargestellten Einflussfaktoren messen würden. Drei Forscher haben im Anschluss diese Messfragen überprüft, redundante Elemente und Dubletten sowie nicht geeignete Fragen entfernt sowie komplexe Fragen, die implizit mehrere Fragestellungen enthielten, in ihre Einzelelemente zerlegt. Die aus diesem Prozess resultierenden Messfragen wurden den Experten in der zweiten Stufe der Studie vorgelegt. Für jede Dimension der Beziehungsqualität sowie der Einflussfaktoren haben die Experten bewertet, wie gut die vorgegebenen Messfragen diese messen. Die Bewertung erfolgt hierbei auf einer 7-er Likert-Skala, die von „misst schlecht“ bis „misst gut“ reicht. Abbildung 5 fasst das Vorgehen bei der Expertenbefragung schematisch zusammen. Die finale Sammlung an Messfragen, die in der Fallstudienserie verwendet wurden, findet sich im Anhang.

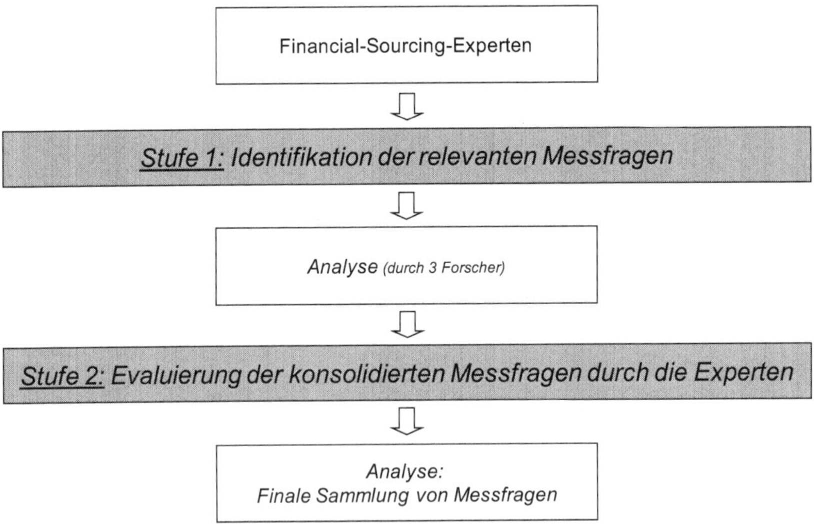

Abbildung 5. Vorgehen bei der Gewinnung von Messfragen mittels Expertenbefragung

Für die Durchführung der eigentlichen Fallstudien wurden durch die Autoren oder ihre Kollegen Ansprechpartner in Finanzdienstleistungsunternehmen oder in IT-Dienstleistungsunternehmen identifiziert, die sich in verantwortlicher Position bezüglich einer Outsourcingbeziehung befinden. Diese Personen wurden kontaktiert und um Unterstützung gebeten. In den meisten Fällen waren die Personen mit der Beteiligung an der Fallstudienserie einverstanden, sodass eine breite und facettenreiche Stichprobe gewonnen werden konnte. Allerdings konnten nur in zwei Fällen die Beziehungen von beiden Seiten untersucht werden, d. h. Interviews auf Finanzdienstleister(FDL)- und Providerseite geführt werden.

Die Interviews selbst wurden von jeweils zwei Forschern der Universitäten Frankfurt und Bamberg durchgeführt, die beide während der Interviews die wichtigsten Ergebnisse protokolliert haben. Zusätzlich dazu wurden (sofern die Befragten damit einverstanden waren) alle Interviews mit einem Rekorder aufgezeichnet. Im Nachgang der Befragung haben beide Personen innerhalb von 24 Stunden unabhängig voneinander ihre Mitschriften ergänzt (Gedächtnisprotokoll). Beide Ergebnisse wurden von einem der beiden Beteiligten zusammengeführt und anhand der Rekorderaufnahme um noch fehlende Informationen ergänzt. Bei Unstimmigkeiten der Aufzeichnung beider Forscher wurden diese über die Rekorderaufzeichnung geklärt.

Die Analyse der Ergebnisse erfolgte mittels einer selbst entwickelten Fallstudiendatenbank, die eine einfache Vergleichbarkeit und Analyse der Ergebnisse erlaubt.

3.2 Übersicht über die Studienteilnehmer

In den nachfolgenden beiden Abschnitten werden die Studienteilnehmer auf Seiten der FDL und der Provider tabellarisch dargestellt. Es werden wichtige Kennzahlen, die Art der ausgelagerten IT, Informationen zum Dienstleister und Vertrag sowie zu den befragten Personen präsentiert. In einzelnen Fällen haben die FDL und die Provider über jeweils zwei Outsourcingbeziehungen berichtet. In diesen Fällen finden sich in den entsprechenden Zellen der nachfolgenden Tabellen jeweils zwei Informationen zu Kunden/ Dienstleistern wie auch zur Vertragslaufzeit.

Finanzdienstleister

	F1	F2	F3	F4	F5	F6	F7	F8
Umsatz 2006	k.A.	> 200 Mrd. EUR	< 10 Mrd. EUR	50-100 Mrd. EUR	100-200 Mrd.EUR	100-200 Mrd.EUR	100-200 Mrd.EUR	100-200 Mrd.EUR
Mitarbeiter 2006	500 - 1.000	> 5.000	< 1.000	500 - 1.000	1.000 - 5.000	1.000 - 5.000	1.000 - 5.000	1.000 - 5.000
Ausgelagerte IT	IT-Infrastruktur / Applikations-entwicklung, -betrieb, -support	IT-Infrastruktur / Applikationsbe-trieb	Rechenzentrum (Mainframe, Middleware, Applikationsbe-trieb)	Business Process Out-sourcing	Rechenzentrum (Unix-Plattform, Mainframe, Speicherlö-sung); IT-Infrastruktur (Client Server)	IT-Infrastruktur (Rechenzent-rum, Mainframe)	Rechenzentrum	Applikations-betrieb
Dienstleister	Großer internationaler Dienstleister	Großer internationaler Dienstleister	Großer internationaler Dienstleister	Mittelstän-discher Dienst-leister	Großer interna-tionaler Dienst-leister / Mittel-ständischer Dienstleister	Großer interna-tionaler Dienst-leister	Großer interna-tionaler Dienst-leister	Großer internationaler Dienstleister
Vertragsbeginn	2005 / 2005	2003	2003	2000	2004 / 2006	2004	2004	2004
Vertragsende	2010 / 2010	2013	?	?	2009 / 2011	2009	?	unbefristet
Mitarbeiterüber-gang	Ja	Ja	?	Ja	Ja	Nein	Nein	?
Position der befragten Personen	Retained Organization: CIO / COO (Head of Operations)	Retained Organization: Head Service Support	Retained Organization: Leiter Prozess- & IT-Manage-ment	Retained Organization: Prozesssteue-rung des Bereiches Kreditrisiko	Retained Organization: Stellvertr. Leiter Providerma-nagement	Retained Organization: Leiter Provider-management; Leiter Rechen-zentrumsbetrieb	Retained Organization: Leiter	Vorstand
Erfahrungen der befragten Personen	Gemischter Hintergrund / Technischer Hintergrund	Technischer Hintergrund	Gemischter Hintergrund	Gemischter Hintergrund	Betriebswirt-schaftlicher Hintergrund	Technischer Hintergrund	Gemischter Hintergrund	Gemischter Hintergrund
Selbsteinschät-zung Beziehungs-qualität (Skala: 1-10)	k.A.	7-8	7	7	7	3	k.A.	6

Provider

	P1	P2	P3	P4	P5	P6	P7	P8	P9	P10
Umsatz 2006	1-5 Mrd. EUR	k.A.	> 50 Mrd. EUR	< 1 Mrd. EUR	1-5 Mrd. EUR	> 50 Mrd. EUR	> 50 Mrd. EUR	1-5 Mrd. EUR	10-20 Mrd. EUR	< 1. Mrd EUR
Mitarbeiter 2006	1.000 - 5.000	1.000 - 5.000	> 100.000	1.000 - 5.000	1.000 - 5.000	> 100.000	> 100.000	5.000 - 50.000	5.000 - 50.000	1.000 - 5.000
Übernommene Dienste	IT-Infrastruktur (Desktop, Printmgmt, User-Help-Desk, Messaging-Services)	Telekommunikations-infrastruktur	IT-Infrastruktur (Desktop, Netzwerk, Applikationen, Web-Applikationen, TelKo)	Geschäftsprozess	Applikationsmanagement, teilw. Applikationsentwicklung / IT-Infrastruktur	IT-Infrastruktur	Rechenzentrum	IT-Infrastruktur (Mainframe, Datenbanken)	IT-Infrastruktur (Netzwerk, Server, Middleware, Datenbanken)	IT-Infrastruktur (Desktop, Netzwerk, Rechenzentrum, Applikationen)
Kunde	Finanzsektor	Finanzsektor	Finanzsektor	Finanzsektor	Finanzsektor	Finanzsektor	Finanzsektor	Finanzsektor	Automobilindustrie	Logistik / Catering
Vertragsbeginn	2006	2002	1999	2000	2005 / 2001	2001	2004	1994	2000	2006
Vertragsende	2009	2009	2013	?	2012 / 2006	2012	2008	?	2010	2016
Mitarbeiterübergang	Ja	Nein	Ja	Ja	? / ?	Nein	Nein	Ja	Ja	Ja
Anzahl Vertragsverlängerungen	keine	2x	1x	?	keine / keine	1x	keine	mehrere	1x	keine
Position der befragten Personen	Projektmanager Managed Services	Teamleiter / Zentralleiter Serviceleistungen	Business Manager Managed Services	Service Delivery Manager	Geschäftsführer Sales und Marketing	Service Executive Financial Services	Service Manager / Service Exec. Fin. Services	Service Delivery Manager	Client Delivery Executive / Client Executive	Director IT Infrastructure / CIO
Erfahrungen der befragten Personen	Gemischter Hintergrund	Technischer Hintergrund / Gemischter Hintergrund	Gemischter Hintergrund	Betriebswirtschaftlicher Hintergrund	Gemischter Hintergrund	Gemischter Hintergrund	Gemischter Hintergrund	Technischer Hintergrund	Gemischter Hintergrund/ Gemischter Hintergrund	Gemischter Hintergrund/ Gemischter Hintergrund
Selbsteinschätzung Beziehungsqualität (Skala 1-10)	4	7-8 / 8-9	8-9	8	8 / 7	8	7-8	5	4	6-7 / 5

4 Ergebnisse der Fallstudienserie

Das vorliegende Kapitel gibt einen umfassenden Überblick über die untersuchten Outsourcingbeziehungen. Zunächst werden die Beziehungen der Finanzdienstleister untersucht (Abschnitt 4.1), anschließend die der Provider (Abschnitt 4.2). In Abschnitt 4.3 findet eine Analyse der zwei Beziehungen statt, in denen auf beiden Seiten Interviews geführt werden konnten (sog. „Outsourcing-Pärchen"). Der letzte Abschnitt 4.4 gibt eine vergleichende Zusammenfassung der beiden Perspektiven.

Die Beschreibung der Outsourcingbeziehungen erfolgt enumerativ entlang der zuvor vorgestellten Dimensionen und Einflussfaktoren, um eine vollständige Darstellung der untersuchten Fälle sicherzustellen. Am Ende jeder Dimension der Beziehungsqualität sowie der Einflussfaktoren werden jeweils die Faktoren dargestellt, die aus Sicht der Befragten einen starken Einfluss auf die Beziehungsqualität haben.

Eine Zusammenfassung der besonders bedeutsamen Zusammenhänge und die daraus folgenden Managementempfehlungen folgt in Kapitel 5.

4.1 Untersuchung der Finanzdienstleisterperspektive

4.1.1 Dimensionen der Beziehungsqualität

Die Übersicht über die befragten Finanzdienstleister (FDL) befindet sich in Kapitel 3.2. Eine detaillierte Beschreibung der Dimensionen der Beziehungsqualität findet sich in Kapitel 2.2.

Vertrauen

Vertrauen in einer Outsourcingbeziehung beinhaltet die Erwartung, dass sich der Partner wohlwollend und offen gegenüber der anderen Partei verhält (Das und Teng 2001). In der wissenschaftlichen Literatur wird bspw. die Einbeziehung des IT-Outsourcingpartners in die Gestaltung der IT-Strategie als auch der Unternehmensstrategie als wichtiges Indiz für eine vertrauensvolle Beziehung gesehen.

So geben bspw. fünf der acht FDL (F3, F4, F6, F7, F8) an, dass sie den Dienstleister in den Bereichen, in denen er IT-Leistungen erbringt, mit in die

Entwicklung ihrer **IT-Strategie** einbinden. F3 und F4 binden z. B. den Provider frühzeitig in neue Entwicklungen ein. F3 möchte dadurch frühzeitig sicherstellen, dass die gewünschten Projekte machbar sind und der Provider sich auch in Bezug auf seine technische Kompetenz von Anbeginn der Planungen mit einbringen kann.

F5 räumt dagegen ein, den Provider bei manchen Projekten zu spät einzubinden und ihn lediglich über die Entscheidungen aus dem Haus zu informieren. Dieses entspricht aber der in F5 vorherrschenden Mentalität, die vorsieht, dass der Provider nur als ausführende Instanz neuer Ideen und Entwicklungen gesehen wird und selbst keine Ideen einbringen kann. Eine andere Vorgehensweise kann sich der Interviewpartner „auch beim besten Willen nicht vorstellen".

Wesentlich verschlossener sind die FDL hingegen naturgemäß bei der **Unternehmensstrategie**. Zwei FDL (F3, F7) geben an, dass der Provider bei manchen Projekten in Teilen in die Unternehmensstrategieentwicklung mit eingebunden wird, damit die „Machbarkeit von Projekten von Anbeginn der Überlegungen gewährleistet ist". Auch hier spielt der Provider allerdings im Wesentlichen eine passive Rolle und kann sich höchstens in Details einbringen, nicht aber aktiv zusammen mit und für seinen Kunden Strategien entwickeln. Eine Ausnahme bildet F4, der seinen Provider intensiv in die Strategieentwicklung einbezieht; allerdings bestand hier in der Vergangenheit auch eine enge finanzielle Verflechtung zwischen beiden Unternehmen.

Eine enge finanzielle Verflechtung zwischen einem FDL und dessen Provider ist allerdings kein Garant für eine vertrauensvolle Beziehung; in dem betrachteten Fall scheint sogar eher das Gegenteil der Fall zu sein. F4 startete „euphorisch" in die Outsourcingbeziehung mit dem vor acht Jahren gegründeten Provider. Innerhalb kurzer Zeit war das Vertrauensverhältnis aber massiv gestört. Der Provider sah sich aufgrund der vertraglichen Regelungen (Quasi-Monopolstellung) als besonders bevorzugte Einheit im Providerportfolio des FDL, sodass das Vertrauensverhältnis nach kurzer Zeit „auf einem Nullpunkt" angekommen war. Beide Seiten hielten Informationen absichtlich voreinander zurück. Durch eine Neubesetzung einiger Schlüsselstellen (unabhängig von den Problemen) sowie einer Kapitalentflechtung hat sich das Vertrauensverhältnis mittlerweile wieder auf ein gutes Niveau eingestellt.

Nicht nur von der Seite der FDL kann der **Einbezug in interne Vorgänge** ein Indikator für Vertrauen sein, auch die umgekehrte Situation ist denkbar. Keiner der befragten FDL hat von seinem Provider jedoch bspw. die Kalkulation offen gelegt bekommen, auch wenn F5 und F6 sich dieses bei dem nächsten Vertrag wünschen würden, gleichzeitig aber angeben, dass „dies schwierig ist und sie davon noch weit entfernt sind".

Eine Ausnahme bildet hier F2, der neben der im Fokus stehenden ITO-Beziehung noch eine BPO-Beziehung unterhält und hier einen Einblick in die Kostenrechnung des Providers hat.

Die wissenschaftliche Literatur diskutiert häufig den Zusammenhang zwischen Vertrauen und Kontrolle. Zum einen lässt sich Vertrauen durch Kontrolle stabilisieren, zum anderen aber auch durch übermäßige Überwachung wieder zerstören. Obwohl die Banken in unserer Studie ein hohes Vertrauen konstatieren, führen Sie ausführliche Kontrollen durch (siehe Kapitel 4.1.2). Es sei hier jedoch betont, dass die Banken die Kontrolle der Providerleistungen als notwendiges regulatorisches Erfordernis durchführen (KWG 25a, MaRisk BTO 1/2) und diese nicht als Zeichen des Misstrauen gegenüber des Providers verstanden werden darf.

Bei der Notwendigkeit der **schriftlichen Fixierung** sind sich alle Befragten einig, dass größere und kostenpflichtige Absprachen schriftlich fixiert werden müssen. Bei kleinen Anpassungen während des Tagesgeschäfts lassen sich die Aussagen in zwei Lager teilen. Die Provider von F1, F3 und F7 arbeiten auch auf Zuruf ohne schriftliche Dokumentation, während in der Beziehung von F2, F5, F6 und F8 auch kleinste Änderungsanfragen und Fehlerkorrekturen dokumentiert werden müssen. Die Gründe für die Notwendigkeit der schriftlichen Fixierung reichen von formalen Vorgaben wie z. B. ITIL bis hin zu einer als äußerst schlecht empfundenen Beziehung mit einem tiefen Misstrauen gegenüber dem Provider (F6).

Zu einem vertrauensvollen Verhältnis gehört auch die wechselseitige Kritikfähigkeit in einer offenen Kommunikation. Nur in einer vertrauten Beziehung kann Kritik offen und konstruktiv zwischen den beteiligten angesprochen werden. Fünf der acht befragten FDL (F1, F2, F5, F7, F8) geben an, dass ihr Provider sehr kritikfähig ist. F5 bekräftigt dieses anhand seiner Erwartungshaltung, dass der Provider „schlecht beraten wäre, wenn er nicht kritikfähig wäre". Allerdings gibt es auch Situationen, in denen sich der FDL in einer schwächeren Position befindet. F1 erläutert, dass sein Provider sich zwar Kritik bereitwillig anhört; trotzdem ist das Unternehmen aufgrund seiner Nischensituation als kleine Tochtergesellschaft eines weltweiten Bankkonzerns unsicher darüber, ob die Kritikpunkte beim Provider berücksichtigt werden.

Beispielhaft seien hier einige interessante Faktoren mit Einfluss auf die Beziehungsqualitätsdimension *Vertrauen* dargestellt, die von den Befragten explizit während der Interviews genannt wurden:

- Beziehung mit dem Provider auf Augenhöhe (F4)
- Glaubhafte Reports des Providers (F6)
- Detaillierte Verträge beeinflussen das Vertrauen positiv (F5).

Kommunikationsqualität

Kommunikationsqualität beschreibt den Grad der Effektivität des Informationsaustauschs zwischen dem FDL und seinem Provider (Marcolin und Ross 2005).

Sieben der acht befragten FDL (F1-F7) geben an, dass sie Probleme weitgehend **offen und konstruktiv** mit ihren Providern ansprechen und diskutieren können. Trotzdem wird die Kommunikation nicht immer als optimal empfunden. Fünf der sieben FDL haben in der Vergangenheit aus verschiedenen Gründen ineffiziente Kommunikation mit dem Provider erlebt. F1 gibt bspw. an, dass trotz der überwiegend guten Kommunikation emotional geführte Diskussionen vorkommen. F5 und F6 berichten, dass die Kommunikation mit dem Provider gelegentlich zu einseitig ist. Es können zwar vom Kunden Anfragen vorgebracht werden, allerdings ist die Reaktion des Providers teilweise sehr zurückhaltend (F5) bis hin zu Situationen, in denen der Kunde „einen Monolog" hält, ohne dass der Provider adäquat reagiert (F6). Einer der FDL (F4) berichtet, dass in einer besonders schwierigen Zeit der Beziehung beide Seiten bewusst Informationen voreinander zurückgehalten hätten und daher die Kommunikation während dieser Zeit vollkommen ineffizient gewesen sei. F8 empfindet die Problemansprache als überhaupt nicht offen, „da derjenige, der frühzeitig die gelbe Fahne hebt, erschossen wird“ und begründet dies mit der „typisch deutschen Mentalität“.

Vier der acht FDL (F1, F2, F4, F5) können in ihrer Beziehung Probleme, die auf der operativen Ebene auftreten, gut auf dieser Ebene lösen, ohne dass es zu **nennenswerten Eskalationen in höhere Managementebenen** kommt. F6 hebt hervor, dass „eigentlich mehr eskaliert werden müsste“. Eine Zunahme der Eskalationen in höhere Managementebenen würde zu einer effektiveren Problemlösung führen, da die Probleme dann deutlich sichtbarer wären. Aktuell haben die Mitarbeiter des Providers einen eng gesteckten Entscheidungsrahmen; können Probleme in diesem Rahmen nicht gelöst werden, kommunizieren die Mitarbeiter diese aber nicht weiter nach oben, was zu Frustrationen auf der Seite des FDL führt.

Beispielhaft seien hier einige interessante Faktoren mit Einfluss auf die Beziehungsqualitätsdimension *Kommunikationsqualität* dargestellt, die von den Befragten explizit während der Interviews genannt wurden:

- Sauber definierte Eskalationsstufen und Verfahren („Spielregeln“), die von beiden Seiten gelebt werden (z. B. vorheriges Informieren der anderen Seite über Eskalationen) (F3, F6)
- Nutzung einer Partnerschafts-Scorecard, die die Bewertung von Gremien nach Qualität, Schnelligkeit, Vertreterregelung und Umsetzungszeiten erlaubt (F6)
- Aufbau und Nutzung von Governance-Strukturen

<u>Gegenseitiges fachliches Verständnis</u>

Das fachliche Verständnis beschreibt den Grad bankfachlicher Kompetenz aufseiten des Providers aber auch die beidseitige Fähigkeit, in einer gemeinsamen Sprache kommunizieren zu können (Lee und Kim 1999).

Vier der befragten acht FDL (F2, F3, F7, F8) geben an, dass innerhalb einer IT-Outsourcingbeziehung ein ausgeprägtes **bankfachliches Wissen** auf der Seite des Providers besonders wichtig ist. Entgegengesetzt argumentieren drei FDL (F1, F5, F6), dass der IT-Provider keine bankfachliche Kompetenz sondern nur eine ausgeprägte IT-Kompetenz besitzen muss.

Dabei fällt auf, dass drei der vier FDL, die ein bankfachliches Wissen des Providers als wichtig erachten, „nur" IT-Infrastruktur oder Rechenzentrumsleistungen ausgelagert haben. Der Betrieb einer IT-Infrastruktur oder eines Rechenzentrums verlangt vom Provider zunächst weniger Fachkenntnisse, als der Betrieb von bankbetrieblichen Anwendungssystemen oder sogar die Abwicklung von BPO-Leistungen. Dies lässt sich jedoch durch die Auswirkungen, die der Ausfall der grundlegenden IT-Infrastruktur für den Geschäftsbetrieb hat, erklären. Ein klares und tiefes Verständnis darüber, welche Auswirkungen ein Ausfall der IT-Infrastruktur-Elemente auf die Prozesse des Kunden hat, sowie die damit einhergehende Priorisierung der zu lösenden Probleme auf Provider-Seite führt aus Sicht dieses FDL zu einem effizienten Betrieb. Dabei wird betont, dass aufgrund der Verzahnung der Prozesse mit der IT-Infrastruktur in der Finanzindustrie „ohne IT gar nichts mehr geht" (F7).

Nur F2 schätzt die bankfachliche Kompetenz der Mitarbeiter ihres Providers als hoch ein. Vier FDL (F1, F4, F7, F8) attestieren den Mitarbeitern (je nach deren persönlichen Fähigkeiten) in Summe ein mittleres Sachverständnis und zwei FDL schätzen die bankfachliche Kompetenz des Providers durchweg als schlecht ein. Drei FDL (F1, F2, F4), die die Fachkompetenz als mittel bis hoch einschätzen, begründen ihre Einschätzung durch den Betriebsübergang von Mitarbeitern zu Beginn dieser Beziehung. Für F2 sind die meisten Ansprechpartner beim Provider ehemalige Kollegen, die die fachliche Kompetenz auf Providerseite sicherstellen. Die restlichen Mitarbeiter auf Providerseite sind Wirtschaftsinformatiker, die sowohl gute fachliche als auch technische Fähigkeiten aufweisen. Allerdings betont der befragte Interviewpartner von F2, dass er die zunehmende Abwanderung des an den Provider übergegangen Personals problematisch sieht, da dadurch zunehmend spezifisches Fachwissen (über das Kundenunternehmen) verloren geht.

Alle FDL geben an, dass das Fachwissen des Providers im Laufe der Beziehung zugenommen hat. Einer der Befragten (F7) hebt hervor, dass der **Zuwachs an bankfachlichem Wissen** im Laufe der Beziehung für den Provider einen wichtigen Vorteil bedeutet. Der gewonnene Kenntnisstand der Mitarbeiter stellt für den Dienstleister einen Wettbewerbsvorteil gegenüber seiner Konkurrenz sowie bei Wiederverhandlung des Outsourcingvertrages dar und kann bei künftigen und bestehenden Kunden in der gleichen Branche als Verkaufsargument genutzt werden.

Im Gegensatz dazu stellt F6 fest, dass sein Provider keine Lerneffekte in Bezug auf das von ihm unterstützte Bankgeschäft gezeigt hat, obwohl die Beziehung von F6 zu seinem Provider schon seit vier Jahren besteht.

Fünf der acht FDL (F1, F3, F4, F6, F7) verwenden ein mit dem Provider abgestimmtes **gemeinsames IT-Vokabular** (häufig basierend auf ITIL), um eine transparente fachliche Kommunikation sicherzustellen.

Beispielhaft seien hier einige interessante Faktoren mit Einfluss auf die Beziehungsqualitätsdimension *gegenseitiges fachliches Verständnis* dargestellt, die von den Befragten explizit während der Interviews genannt wurden:

- Mitarbeiterübergang zu Beginn der Outsourcingbeziehung (F1, F2, F5)
- Routinen zum Wissensaustausch (Job-Rotation, Hospitation, Workshops, Schulungen)

Einflussmöglichkeit

Die Einflussmöglichkeit innerhalb einer Outsourcingbeziehung ist die positiv konnotierende Möglichkeit, die Entscheidungen des Partners beeinflussen zu können (Klepper 1995).

Fünf der acht FDL (F1, F2, F7, F8, F5) können das Personal auf Seiten des Dienstleisters austauschen lassen, wobei ein **Personalaustausch** nur von F1, F7 und F8 bereits in der laufenden Beziehung in Anspruch genommen wurde. Der Wechsel von Personal war in diesen Beziehungen nur in Ausnahmefällen notwendig. Ein FDL berichtet, dass der Austausch von Personal aufseiten des

Providers „eine wesentliche Möglichkeit ist, um so eine Beziehung wirklich zu gestalten“ und dies wurde „schon x-Mal gemacht“, da personelle Probleme „zu 99% beim Provider liegen“. Im Gegenzug wäre dieser FDL aber auch bereit, personelle Änderungen in seinem Haus auf Bitten des Dienstleisters zu diskutieren. Zwei FDL haben dagegen explizit keinen Einfluss auf die Personalgestaltung des Providers und ein FDL machte hierzu keine Angabe.

Nur einer der acht FDL (F2) hat Einflussmöglichkeiten auf die Serviceprozesse des Providers und kann hier durch eine Repriorisierung von Tickets in den laufenden Serviceprozess eingreifen. F1 und F3 haben nur begrenzte Einflussmöglichkeiten auf die Serviceprozesse des Providers („Nicht ganz einfach, aber es geht. Es nützt auch nicht immer… “). F5 und F6 haben nach der initialen Ticketerstellung hier keine Einflussmöglichkeiten.

Beispielhaft sei hier ein Faktor mit Einfluss auf die Beziehungsqualitätsdimension *Einflussmöglichkeit* dargestellt, der von den Befragten explizit während der Interviews genannt wurde:

- Regelungen im Vertrag (F7, F8)

Commitment

Unter Commitment wird die Bereitschaft des Providers verstanden, die Beziehung zum Kunden langfristig aufrecht zu erhalten und dafür proaktiv entsprechende Ressourcen einzusetzen (Goles und Chin 2005).

Im Gegensatz zur wissenschaftlichen Literatur, in der im Rahmen von Commitment häufig auch der Begriff des „guten Willens“ verstanden wird (Dwyer et al. 1987), hat sich in dieser Fallstudienserie gezeigt, dass die FDL de facto keinen „guten Willen“ in Form von kostenfreien Leistungen von ihren Providern erwarten können („Bei Einwurf kleiner Münzen ist der Provider jederzeit bereit, zusätzliche Leistungen zu erbringen“ (F6)). Die meisten FDL geben die **Investitionsbereitschaft** ihres Providers zwar als hoch an, allerdings nur, wenn der FDL die daraus resultierenden Leistungen entsprechend bezahlt. Sehr ähnlich verhält es sich bei der **Verfügbarkeit von qualifiziertem Personal** bei der Lösung von Problemen. Fast alle FDL (außer F5 und F8) geben an, dass bei Problemen meist hinreichend schnell Personal zur Verfügung steht – allerdings nur, wenn dieses auch vereinbart wurde und extra vergütet wird. F6 berichtet, dass der Provider bei Problemen meist ausreichend qualifiziertes Personal zur Verfügung stellt, außer während der Ferienzeit. Dort kann es schon vorkommen, dass die Lösung von Problemen länger als vereinbart dauert.

Vier der Befragten (F1, F3, F6, F7) sehen ihr Verhältnis zum Provider eher als ein **Lieferantenverhältnis** denn als eine Partnerschaft. Einer der FDL betont allerdings, dass er sich ein mehr partnerschaftlich geprägtes Verhältnis zu ihrem Provider wünschen würde, denn in einer partnerschaftlichen Beziehung „könnte man eher eine effizientere Form der Zusammenarbeit finden". Als Erklärung für das fehlende partnerschaftliche Verhältnis weist dieser FDL dem Provider die Schuld zu, da dieser sowohl ein dem Kunden versprochenes Kompetenzzentrum bisher nicht implementiert hat, als auch zu wenig (fachlich) proaktiv in der Beziehung agiert. Beide Punkte werden von dem Befragten als sehr ärgerlich empfunden. Andererseits betont er aber, dass er auch selbst an der wenig partnerschaftlichen Beziehung mit schuld ist, denn „sobald etwas ausfällt, sitzt auf der Seite des FDL jemand und rechnet die Höhe der Pönale aus".

Zwei der FDL geben an, dass sie mit ihrem Provider eher eine partnerschaftliche Beziehung pflegen. F4, der einen Geschäftsprozess ausgelagert hat, sieht seine Beziehung zum Provider als sehr partnerschaftlich, sicherlich bedingt durch die historische und geographische Nähe. F5 bezeichnet seine Beziehung zum Provider ebenfalls als partnerschaftlich, definiert dies aber über „den Aufwand, der mit diesem Provider betrieben wird", denn dieser Provider ist der größte im Providerportfolio von F5.

Konflikt

Die Menge der Konflikte, die in einer Outsourcingbeziehung auftreten, wird hier als Negativbestandteil der Beziehungsqualität einbezogen. Eine geringe Anzahl von Konflikten zwischen beiden Parteien steht tendenziell für eine hohe Beziehungsqualität (Goles und Chin 2005).

Zunächst wurden die FDL nach der Anzahl der **Störungen** gefragt, die im Rahmen der Leistungserbringung durch den Provider anfallen und **zu Konflik-**

ten führen. Aufgrund der Unterschiedlichkeit der Outsourcingobjekte und der qualitativen Befragung kann hier kein quantitativer Überblick darüber gegeben werden, wie viele und wie gewichtige Störungen pro Monat auftreten. Es fällt jedoch auf, dass sich bei der Befragung nur F6 über einen schlechten Service beschwerte (vgl. Abschnitt zu Servicequalität weiter unten). Der Provider erbringt eine zufriedenstellende Leistung für diejenigen Bestandteile, die per SLA definiert sind; in dem Leistungsbereich, in dem keine SLAs definiert sind, sind die Befragten jedoch sehr unzufrieden mit der Anzahl der Störungen, die dann auch gleich zu Konflikten führen, denn „es wird nur das Wesentliche repariert, wenn etwas gegen die Wand läuft". Zudem gibt es kleinere Konflikte bei Entwicklungen, die der Provider nicht verantwortet, die aber auf seinen Systemen laufen. F2 erstellt z. B. selbst Applikationen, die auf den Systemen des Providers gehostet werden. Sobald bei diesen Applikationen Probleme auftreten, macht der Provider „Gott und die Welt verrückt".

Fünf FDL (F1, F3, F5, F6, F7) geben an, bei Fehlleistungen oder Unzufriedenheit mit dem erbrachten Service die **Zahlungen an den Provider zurückzuhalten** oder zu kürzen. F5 und F7 nehmen diese Kürzungen gezielt vor, um einen Anreiz für eine künftig bessere Leistung zu erreichen. F5 stellt aber klar, dass es seinem Haus nicht darum geht, mit Leistungskürzungen Geld zu verdienen, sondern den Provider zu einer besseren Leistung anzuspornen. Bei keinem der befragten FDL war bisher bei Konflikten der Einsatz eines neutralen Schlichters notwendig. Allerdings hat F6 diese Frage mit „noch nicht" beantwortet. Aufgrund des schlechten Services und der Häufigkeit der Konflikte scheint das Einschalten eines neutralen Schlichters für F6 eine ggf. notwendige Option zu sein. Außerdem musste bisher bei keiner der Beziehungen zwischen den befragten FDL und Providern eine gerichtliche Klärung von Konflikten vorgenommen werden.

Konsens

Als Konsens wird hier das Ausmaß des grundsätzlichen Einvernehmens zwischen den Parteien einer Outsourcingbeziehung verstanden (Mejias et al. 1996).

Auf die Frage, ob sich ein **Konsens** immer mit beidseitiger Kompromissbereitschaft **finden lässt**, haben vier der befragten FDL einen mittleren Wert angegeben. Alle der Befragten sind sich einig, dass es immer Streitpunkte gibt und sich nicht immer direkt ein Konsens zwischen beiden Parteien herstellen lässt. F5 argumentiert, dass die Konsensfindung nicht immer harmonisch verläuft, da es „manchmal auch darum geht, sich [gegenüber dem Provider] durchzusetzen". Fünf der befragten FDL (F1, F2, F3, F4, F5) haben in der laufenden Beziehung Streitpunkte, die seit längerem ungelöst sind und immer wieder mit dem Provider diskutiert werden. Diese offenen Punkte sind im Wesentlichen operative Probleme, die nicht im Vertrag geregelt sind und für die zwischen den Parteien keine schnelle Lösung gefunden werden kann. Beispiele sind ein nicht funktionierendes *Demand Management* und nicht vorhandene *Request-for-Service-Prozesse* (F1), Probleme bei der Bepreisung der Leistungen (F4) sowie unklare Regelungen zur Zahlung von Pönalen (F5). F2 hingegen berichtet über viele offene Punkte am Anfang der Outsourcingbeziehung, die aber mittlerweile fast alle gelöst werden konnten. Bei F1, F3, F4 und F5 ist das Auftreten von Streitpunkten, für die keine Lösung gefunden wird, allerdings nicht existenziell bedeutsam für die Beziehung. Ähnlich wie F2 befinden sie sich auch trotz der offenen Streitpunkte in bereits langjährig laufenden Outsourcingbeziehungen.

Kongruenz

Unter Kongruenz wird im Outsourcingkontext das Ausmaß verstanden, in dem Outsourcingpartner gemeinsam „an einem Strang" ziehen und deckungsgleiche Pläne und Vorgehensweisen haben (Subramani et al. 1999). Im Fall einer IT-Dienstleistungsbeziehung wird in der Literatur auch häufig von Business-IT-Alignment gesprochen (i.d.R. allerdings auf unternehmensinterne Beziehungen bezogen).

Drei der acht FDL erstellen gemeinsam mit ihrem Dienstleister Projektpläne. Dabei liegt der Planungshorizont zwischen einem (F6) und zwei Jahren (F2). F1 und F5 planen ihre Projekte allein und teilen dem Dienstleister dann die Planungen zur Umsetzung mit („er hat das dann umzusetzen"). Drei FDL machten keine Angabe zu dieser Frage.

Drei der FDL (F1, F3, F5) sind der Ansicht, dass es wichtig für eine Outsourcingbeziehung ist, bewusst und gemeinsam eine Win-win-Situation herzustellen. Dabei befinden sich F1 und F3 durch einen Konzernrahmenvertrag, den sie nicht beeinflussen können, aus Ihrer Sicht nicht in einer Win-win-Situation zusammen mit dem Provider. F1 fühlt sich durch den Konzernrahmenvertrag sogar intern „über den Tisch gezogen". Der Befragte von F5 hingegen stellt fest, dass „Kompromisse immer nur in einer Win-win-Situation gefunden werden können". Gleichzeitig hebt er hervor, dass er sich noch mehr proaktive Verbesserungsvorschläge vom Provider wünscht, da der FDL in vielen IT-Bereichen, die der Provider verantwortet, „bestimmte Verbesserungspotenziale gar nicht mehr sieht".

Flexibilität

Innerhalb einer Outsourcingbeziehung ist es besonders wichtig, dass der Provider sowohl auf die Änderungswünsche seines Kunden als auch auf grundlegende Änderungen der Umwelt flexibel reagiert (Heide und John 1992).

Die Flexibilität des Providers, Anfragen des Kunden umzusetzen, wird von den FDL unterschiedlich eingeschätzt. F1 und F5 schätzen die technische Flexibilität ihrer Provider als hoch bis sehr hoch ein, allerdings betont F5, dass die Flexibilität vom Kunden bezahlt werden muss. Es wird nicht erwartet, dass der Provider dem Kunden kostenfrei im Sinne eines „Goodwill" entgegenkommt. F2 stuft die Flexibilität des Providers als mittelmäßig ein. Dies wird durch die Größe des Providers und des Kunden und die dadurch innerhalb der Häuser vorhandenen langen Entscheidungswege sowie mehrfachen Überprüfungsroutinen erklärt, die eine schnelle und flexible Umsetzung von Anforderungen verhindern. Der Provider von F6 wird als vollkommen inflexibel bewertet. Darüber hinaus beschwert sich der FDL, dass der Provider Anfragen wie z. B. Angebote erst kurz vor Auslaufen der gesetzten Fristen abgibt, „damit der Kunde auch einen möglichst hohen Entscheidungsdruck hat". Die Befragten betonen dabei, dass Ihnen in ihrer zwanzigjährigen Erfahrung in der Providersteuerung ein solches Verhalten noch nicht begegnet ist.

Nachsicht

Eine gute Beziehung lebt davon, dass die Partner bei Problemen nicht sofort die Schuldfrage in den Vordergrund stellen, sondern sich im Sinne einer langfristig erfolgreichen Partnerschaft gegenseitige Freiräume einräumen (Marcolin und Ross 2005; Parkhe 1993).

Drei der befragten FDL schätzen ihre Kompromissbereitschaft in etwa so hoch wie die ihres Providers ein (F1, F3, F5); dabei wird die Kompromissfähigkeit oder Nachsicht als mittel bis hoch eingeschätzt.

Für zwei dieser FDL spielen die kulturellen Hintergründe in Bezug auf die Kompromissbereitschaft eine entscheidende Rolle. F5 arbeitet neben seinem internationalen Hauptprovider noch mit einem deutschen Dienstleister zusammen. Die Kompromissbereitschaft des internationalen Hauptproviders wird als geringer eingeschätzt, da dieses Unternehmen „ziemlich auf Gewinnmaximierung ausgerichtet ist und deren Mitarbeiter ziemlich geprügelt werden". Die Befragten aus F1 sehen dagegen ihren eigenen kulturellen Hintergrund als wichtig für ihre hohe Kompromissbereitschaft an.

Zwei FDL (F2, F7) schätzen ihre eigene Kompromissbereitschaft deutlich geringer ein, als die des Providers. Bei F2 spielt insbesondere die Abhängigkeit des Providers von diesem FDL eine Rolle. Der Provider hat zwei neue Datencenter aufgebaut, die nur von diesem Kunden genutzt werden. Daher ist F2 der Ansicht, dass er „schon ein paar Trümpfe mehr (als der Provider) auf der Hand hat". F7 hingegen sieht sich in einer stärkeren Position, da er aufgrund des ausgefeilten Pönalsystems am „längeren Hebel" sitzt.

Ein FDL (F6) sieht sich selbst als kompromissbereiter als seinen Provider, da er aufgrund der schlechten Serviceleistung des Providers „in einer Zwangssituation ist und die Projekte bewegt werden müssen".

Vier FDL (F3, F5, F6, F7) verzichten manchmal auf Forderungen, die sie gegenüber dem Provider haben (z. B. Pönalzahlungen). Die FDL F3 und F7 verzichten teilweise gezielt auf Ansprüche, um die Leistungsqualität des Providers (z. B. verbesserte Systemverfügbarkeit) zu erhöhen sowie auch zusätzliche Leistungsquantitäten (z. B. zusätzliche Projektleistungen) zu erhalten. Insbesondere F7 betont in diesem Zusammenhang die eigene Machtposition gegenüber dem Provider, denn „wir haben da verschiedene Spielmöglichkeiten aber die Variante welche gespielt wird, die entscheiden wir".

F7 spricht im Kontext von Nachsicht von „emotionaler Kulanz". Man möchte dem Provider bei Fehlleistungen, die keine Auswirkungen haben, wie ein Systemausfall in der Nacht, aber trotzdem pönalisiert sind, entgegenkommen.

F1 kann zum Verzicht von Zahlungen keine Angabe machen, da dies im Mutterkonzern ausgehandelt wird und die Befragten aus F1 darauf keinen Einfluss haben.

Zusammenfassung der Antworten der FDL zu den Beziehungsqualitätsdimensionen

In Tabelle 1 sind die Ausprägungen der einzelnen Dimensionen der Beziehungsqualität abschließend für alle befragten FDL zusammengefasst. Einzelne Zellen bleiben leer, da nicht alle Fragen von den Ansprechpartnern beantwortet wurden bzw. in der begrenzten Zeit beantwortet werden konnten. Die Bewertung der einzelnen Dimensionen erfolgt über die Aggregation der im Interview gestellten Fragen. Diese beinhalten sowohl offene Fragen als auch Fragen, die eine Antwort auf einer Skala vorsehen.

	F 1	F 2	F 3	F 4	F 5	F 6	F 7	F 8
Vertrauen	mittel	mittel	hoch	hoch	niedrig	niedrig	mittel	niedrig
Kommunikationsqualität	mittel	hoch	hoch	hoch	mittel	niedrig	mittel	
Gegenseitiges fachliches Verständnis	mittel	hoch	niedrig	hoch	mittel	niedrig	mittel	mittel
Einflussmöglichkeit	mittel	hoch	niedrig	mittel	mittel	niedrig	hoch	mittel
Commitment	mittel	mittel	niedrig	hoch	niedrig	niedrig	niedrig	
Konflikt	mittel	mittel	mittel	hoch	mittel	niedrig	mittel	mittel
Konsens	niedrig	mittel	hoch	mittel	mittel	niedrig		
Kongruenz	mittel	hoch	mittel	hoch	mittel	niedrig		
Flexibilität	mittel	mittel			hoch			
Nachsicht	hoch	niedrig	hoch		mittel	hoch	niedrig	

Tabelle 1. Übersicht über die Ausprägung der Beziehungsqualitätsdimensionen der Finanzdienstleister

4.1.2 Einflussfaktoren auf die Beziehungsqualität

Die Einflussfaktoren auf die Beziehungsqualität können sowohl die Beziehungsqualität als Ganzes als auch einzelne Dimensionen beeinflussen. Eine detaillierte Beschreibung der Einflussfaktoren findet sich in Kapitel 2.2.

Interaktionsstruktur

Die Interaktionsstruktur innerhalb einer Outsourcingbeziehung dient als Basis zum Austausch von Informationen und schafft die Grundlage für Kommunikation zwischen den Unternehmen.

In den Outsourcingbeziehungen gibt es jeweils festgelegte **Kontaktstrukturen**, über die die Kommunikation mit dem Provider möglich ist. Alle FDL haben ein *Provider-Management* installiert, das je nach Größe der Unternehmen sehr unterschiedlich angelegt ist. Bei F1 bilden der CIO und der COO das gesamte *Provider-Management*, während bei F2, F5, F7 mehrere Personen für diese Aufgabe vorgesehen sind. F5 hat beispielsweise in diesem Team eine größere Anzahl von Mitarbeitern mit verschiedenen Hintergründen (Betriebswirte, Informatiker, Wirtschaftsinformatiker, Naturwissenschaftler und Juristen) und setzt zusätzlich externe Beratungsunternehmen ein. F4 hingegen hat erst nach einigen schmerzlichen Erfahrungen ein dediziertes *Provider-Management* installiert, das inzwischen erfolgreich die Anfragen des FDL sammelt, überprüft und gebündelt an den Provider weitergibt.

Aufseiten der Provider steht auf operativer Ebene für die meisten befragten FDL ein Helpdesk zur Verfügung, das auftretende Störungen per E-Mail oder Telefon entgegennimmt.

Den meisten Providermanagern aufseiten der FDL (alle außer F3) steht jeweils ein direkter Ansprechpartner des Providers gegenüber (Service Delivery Manager, (SDM)), allerdings kommunizieren die Interviewpartner aus F1 und F2 häufig nicht nur über den SDM mit den Mitarbeitern des Providers, sondern wenden sich auch direkt an die nachgelagerten Spezialisten. Bei F7 und F8 ist dieser direkte Zugriff auf nachgelagerte Spezialisten beim Provider nicht gewünscht und passiert nur in Ausnahmefällen, bei F5 und F6 erfolgt die Kommunikation ausschließlich über den SDM. F3 gibt an, je nach Themengebiet viele verschiedene Ansprechpartner zu haben. Diese sind allerdings detailliert in einer Kommunikationsmatrix hinterlegt, um unnötige Kommunikation zu vermeiden und den jeweiligen Ansprechpartner je nach Themenfeld direkt erreichen zu können. Diese Kommunikationsmatrix enthält neben der Liste der themenspezifischen Ansprechpartner auch bereits aus dem Unternehmen ausgeschiedene Personen, die bestimmtes Fachwissen besitzen (z. B. ältere Programmiersprachen).

Intuitiv liegt es nahe, dass der Zugriff auf nachgelagerte Spezialisten im Haus des Providers eher möglich ist, wenn das Outsourcingvolumen kleiner und das involvierte Personal überschaubarer ist. Bei den hier befragten FDL lässt sich dies aber nicht bestätigen. Die Outsourcingvolumina von F1 und F2, die die definierten Kontaktstrukturen auf der Ebene der Befragten regelmäßig umgehen, sind vollkommen unterschiedlich. Beide haben allerdings eine Gemeinsamkeit, die im Interview immer wieder betont wird: Bei der Auslagerung sind viele Mitarbeiter von F1 und F2 zu dem Dienstleister übergegangen und dort für ihren ehemaligen Arbeitgeber aktiv. Bei F2 ist die Kontaktperson des Interviewpartners ein „ehemaliger Kollege, den ich noch von früher kenne".

Vier FDL (F1, F5, F6, F8) haben keine festen **Strukturen zum Austausch von Wissen** zwischen der IT- und der Fachseite. F1 hält dies aber auch nicht für notwendig, da viele Mitarbeiter des Providers bei dem FDL im Haus sind und jeden Tag mit dessen Personal zusammenarbeiten. Außerdem arbeiten als Folge des Betriebsübergangs auf der Providerseite viele ehemalige Mitarbeiter des FDL mit entsprechenden Kenntnissen und langjährigen Erfahrungen. Bei F5 und F8 ist die räumliche Situation ähnlich wie bei F1, dort sind „10 Arbeitsplätze für die Providermitarbeiter im Haus reserviert" (F5) und der Provider hat seine Büros „auf der anderen Straßenseite" (F8) oder „zwei U-Bahn-Stationen entfernt" (F5). Nur bei F6 gibt es kein Onsite-Personal des Providers.

Die übrigen vier FDL (F2, F3, F4, F7) haben regelmäßige explizite Maßnahmen zum Wissensaustausch implementiert. Es werden Workshops durchgeführt, in denen den Providermitarbeitern fachliches als auch den FDL-Mitarbeitern technisches Wissen vermittelt wird. Allerdings ist aus den gemachten Aussagen nicht klar zu erkennen, ob das Verhältnis der Schulungen (FDL schult Provider, Provider schult FDL) immer hinreichend ausgewogen ist. F7 betont, dass den Mitarbeitern des Providers sowohl über Schulungen am Anfang der Beziehung als auch über Hospitationen während der laufenden Beziehung bankfachliches Wissen nahe gebracht wird. Dies ist aus Sicht von F7 besonders wichtig, da „wenn man jemals in einem Rechenzentrum war, in dem

Systeme für verschiedene Kunden stehen, man deutlich sieht, dass die Mitarbeiter (des Providers) überhaupt keinen Bezug zum einzelnen Kunden haben. Zusätzlich zu den Schulungen werden von den Providern Vorträge beim FDL gehalten (F2) sowie Vorträge vom FDL beim Provider zu Verbesserung des allgemeinen bankfachlichen Wissens (F7), Handbücher und Bedienungsanleitungen zu bereitgestellter Hard- und Software (F3) zur Verfügung gestellt, Messen zur Vorstellung neuer technologischer Entwicklungen durch den Provider angeboten (F3) und gemeinsam auf Gruppenleiterebene Fachkonferenzen besucht (F3).

Nur zwei der FDL (F1, F4) haben **gemischte Arbeitsgruppen**, in denen Mitarbeiter aus beiden Häusern gemeinsam an einzelnen Prozessen arbeiten. In der BPO-Beziehung von F4 werden zudem in diesen gemischten Teams ohne funktionale Trennung der Firmenmitarbeiter Entscheidungen über den ausgelagerten Prozess getroffen.

In der wissenschaftlichen Literatur wird der Austausch von Mitarbeitern (Job-Rotation) als wichtiges Konzept des Wissenstransfers von IT- zur Fachseite und umgekehrt angesehen (Luftman 2003). Dabei geht es im Gegensatz zu gemischten Arbeitsgruppen darum, die Mitarbeiter der Providerseite für eine begrenzte Zeit „die Aufgaben der Mitarbeiter der Fachseite übernehmen zu lassen“. Keiner der befragten FDL führt dies durch, lediglich F7 räumt ein, „dafür offen zu sein“.

Alle FDL haben eine festgelegte **Struktur zum Umgang mit Konflikten**. Die Eskalation erfolgt entlang der Hierarchie nach oben, sofern die Kompetenzen der jeweiligen Mitarbeiter überschritten werden. Bei F4 finden zusätzlich monatliche Meetings auf Führungsebene zur kontinuierlichen Verbesserung der Prozesse statt, in denen die Probleme noch einmal aufgearbeitet werden. Ähnlich sieht es bei F7 aus, der zusammen mit der operativen Ebene „Lessons-learnt-Sessions“ veranstaltet, um aufgetretene Fehler künftig zu vermeiden. Die FDL wurden befragt, ob sie ihre Mitarbeiter dediziert für Deeskalation schulen. Nur F2 nimmt Schulungen seines Personals in diesem Bereich vor. F1, F5 und F6 haben kein Personal, das eine Deeskalationsschulung aufweisen kann; F1 und F6 heben hervor, dass der Umgang mit Eskalationen „reine Berufserfahrung“ ist.

Beispielhaft seien hier einige interessante Interaktionsstrukturen mit Einfluss auf die Dimensionen der Beziehungsqualität dargestellt, die von den Befragten explizit während der Interviews genannt wurden:

- Regelmäßige Schulungen der Providermitarbeiter fördern deren bankfachliches Verständnis (F7).
- Stabile und saubere Kommunikations- und Verantwortlichkeitsstrukturen sorgen für eine hohe Kommunikationsqualität und dort insb. für ein hohes Vertrauensniveau (z. B. durch offene Ansprache von Problemen und Fehlern).

Interaktionsintensität

Die Interaktionsintensität beschreibt die Häufigkeit, mit der zwischen den Partnern kommuniziert wird (Martin Jr. 1979).

Zahlreiche wissenschaftliche Arbeiten haben die hohe Bedeutung **formaler Kommunikation** für die Qualität einer Outsourcingbeziehung festgestellt (Lee et al. 2003; Lee und Kim 1999). Dabei werden in den formalen Kommunikationsvorgängen je nach Hierarchiestufe unterschiedliche Themen adressiert, angefangen vom Tagesgeschäft mit kleineren Problemen und Änderungen des Systems bis hin zu strategischen Themen auf der Vorstandsebene wie der Weiterentwicklung der Outsourcingbeziehung. Sieben der untersuchten FDL geben an, dass sie auf operativer Ebene einmal in der Woche in einem festen Treffen mit dem Provider zusammenkommen. Dabei ist die Aufteilung der verschiedenen Sitzungstypen unterschiedlich. F1 handelt alle Themen in einer Sitzung pro Woche ab, während F5 sowohl „Change Meetings“, in denen die kostenpflichtigen Änderungen an Systemen besprochen werden, durchführt als auch „Produktions- und SLA-Meetings“ abhält, in denen der reguläre Betrieb, aufgetretene Probleme und kostenfreie Veränderungen am System zur Sprache kommen. F2 geht in Bezug auf die Sitzungsturnusse auf der operativen Ebene noch einen Schritt weiter: An jedem Morgen wird als fester Termin eine Telefonkonferenz mit der Anwesenheit von zwei Direktoren abgehalten, in der alle Vorfälle der letzten 24 Stunden besprochen werden.

Auf der taktischen Ebene geben drei FDL (F5, F7, F8) an, sich im Monatszyklus mit dem Provider zusammenzusetzen: der Befragte von F4 nennt einen regelmäßigen Zyklus, ohne detaillierte Angaben dazu zu machen. F1 trifft sich auf dieser Ebene im zweiwöchentlichen Rhythmus mit dem Provider, während bei F2, F3 und F8 keine regelmäßige taktische Gesprächsebene existiert.

Auf strategischer Ebene treffen fünf FDL eine Aussage zu ihrem Sitzungsturnus. F7 nennt einen halbjährlichen Zyklus für die Treffen auf Vorstandsebene, F3 einen vierteljährlichen Turnus und F4 sogar ein festes monatliches Treffen. Auch hier kann bei F4 vermutet werden, dass die hohe Frequenz der Treffen auf strategischer Ebene im Zusammenhang mit der engen finanziellen und organisatorischen Verflechtung stehen, die beide Unternehmen zueinander haben. Dieser FDL bindet auch als einziger der acht befragten Institute seinen Provider mit in die Strategieentwicklung ein, was eine entsprechend höhere Frequenz strategischer Sitzungen notwendig macht.

Bei der Frage nach der Meetingfrequenz zur Diskussion der offenen Fragen in der Outsourcingbeziehung fällt die Antwort von F6 auf, bei der nur noch Kommunikation auf der operativen Ebene stattfindet, da es „inzwischen keine strategische Ebene mehr mit diesem Provider gibt“. Darüber hinaus beschwert sich F6, dass bei den operativen Meetings häufig Vertretungen der Providermitarbeiter anwesend sind, die nicht kompetent genug seien.

In allen Beziehungen werden die **Sitzungen protokolliert**. Dabei werden bei F2-F6 über alle Ebenen hinweg Protokolle erstellt, um im Nachgang der Treffen die Absprachen schriftlich vorliegen zu haben und Verantwortliche für einzelne Aktivitäten identifizieren zu können. F7 lässt allerdings die Protokollierung auf der strategischen Ebene bewusst aus, da es „eher Misstrauen erzeugt, wenn man auf dieser Ebene protokollieren würde“. Bei F1 und F8 werden operative Besprechungen nicht protokolliert, beide beschränken sich auf die Protokollierung der taktischen Ebene. Die Erstellung der Protokolle bei F1 und F3 wird vom Provider übernommen. Beide FDL sind allerdings mit der Qualität der Protokolle nicht immer zufrieden, insbesondere wird von F3 die Einseitigkeit der Protokolle bemängelt. Allerdings haben beide FDL die Möglichkeit, die Protokolle entsprechend anpassen zu lassen. F3 merkt an, dass auf der Managementebene die Protokollierung durch den Provider explizit gewünscht ist, um das Protokoll als Kontrollinstrument zu verwenden. Über die Niederschrift des Providers kann nachvollzogen werden, ob die Wünsche des FDL sowie die dazu kommunizierten Informationen vom Provider verstanden worden sind. F6 hingegen protokolliert inzwischen selbst. Ursprünglich hatte der Provider die Protokollführung übernommen, musste dieses aber abgeben, da das Projekt „ziemlich vor die Wand gefahren war". Am Anfang dieser Beziehung wurden sogar Live-Protokolle erstellt, in denen die getroffenen Absprachen und Ergebnisse während der Besprechung schriftlich festgehalten wurden. Allerdings merkt der FDL hier auch an, dass ein Live-Protokoll zwar einerseits den Arbeitsaufwand reduziert, da keine Abstimmung der Niederschrift im Nachgang nötig ist, aber andererseits während der Besprechungen mit dem Provider zu sehr über Formulierungen im Protokoll diskutiert wird, statt sich auf inhaltliche Fragen zu konzentrieren.

Der Anteil der **informellen Kommunikation** im Verhältnis zur formalen Kommunikation ist bei den befragten FDL nicht eindeutig verteilt. F2, F5 und F7 berichten von einer sehr geringen informellen Kommunikation in ihrer Outsourcingbeziehung. F7 ist mit dieser Situation allerdings nicht zufrieden und wünscht sich ein weniger formales Verhältnis mit seinem Provider. Bei den F3, F4 und F8 wird sehr viel Wert auf informelle Kommunikation gelegt („informelle Kommunikation ist absolut existenziell"). F8 unterstützt die informelle Kommunikation aktiv mit einem „informalen formalen Netzwerk". Es werden bewusst Beziehungen außerhalb der offiziellen Beziehung mit dem Provider gefördert, indem einzelne Personen innerhalb des FDL ihre privaten Kontakte zu den Mitarbeitern des Providers ausbauen. Diese Kanäle werden genutzt, um bei Eskalationen Probleme schneller „auf dem kleinen Dienstweg" lösen zu können. F4 bezeichnet die formale Kommunikation mit ihrem Dienstleister sogar als vergleichbar zu einer unternehmensinternen Situation zwischen zwei Abteilungen. Durch die räumliche Nähe (beide sitzen im gleichen Gebäude) trifft man sich auch regelmäßig „auf dem Gang".

Bei den F2, F3, F4 und F8 sind **persönliche Kontakte** zwischen den FDL-Mitarbeitern sowie den Providermitarbeitern vorhanden. Wie oben beschrieben, nutzt F8 diese Verbindungen aktiv. Die anderen FDL betonen ebenfalls den Wert dieser persönlichen Kontakte, die bei F4 und F5 insbesondere durch den Betriebsübergang von Mitarbeitern zu Beginn der Outsourcingbeziehung zustande gekommen sind.

F1, F5 und F6 nutzen die informelle Kommunikation auch zur Vorbereitung von formalen Sitzungen. Es werden Entscheidungen „vorbereitet“, die im Meeting dann festgelegt und protokolliert werden. F5 stimmt mit ihrem Provider auf strategischer Ebene die Agenden sowie die Präsentationen vor dem eigentlichen Meeting ab.

Nur zwei FDL (F1, F5) berichten von einer aktiven **Förderung außerbetrieblicher Veranstaltungen**, wobei diese bei F1 vonseiten des FDL und bei F5 von Providerseite initiiert werden. Der befragte CIO von F1 geht mit seinem Gegenüber etwa nach jedem dritten Treffen gemeinsam essen. Dabei werden auch manchmal Mitarbeiter der operativen Ebene einbezogen. Der Provider von F5 veranstaltet einmal im Jahr ein Social Event, zu dem alle an der Beziehung beteiligten Mitarbeiter des FDL und des Providers eingeladen sind. F6 berichtet, dass es am Anfang der Beziehung nach dem Abschluss von Projekten gemeinsame Feiern gab, die aber aufgrund der kontinuierlich schlechter werdenden Beziehung eingestellt worden seien.

Die befragten FDL schätzen die informelle Kommunikation zwar als wichtiges Instrument zur Steuerung des Tagesgeschäfts sowie zur Vorbereitung von formalen Sitzungen, machen aber deutlich, dass wichtige Entscheidungen immer in den formalen Sitzungen besprochen werden (müssen). Dieses wird hauptsächlich dadurch erklärt, dass die Ergebnisse dort schriftlich festgehalten werden und so wichtige Absprachen nicht aus den Augen verloren werden können. Auf der anderen Seite fällt auf, dass trotz der als hoch wahrgenommenen Bedeutung der informellen Kommunikation nur wenige FDL diese Form der Kommunikation mit organisierten Aktivitäten unterstützen. Gerade in den Fällen, in denen bei der Auslagerung kein Mitarbeiterübergang stattgefunden hat, kann eine gezielte Förderung der informellen Kommunikation die persönlichen Kontakte zwischen Mitarbeitern des FDL und dem Provider stärken.

Vertragsgestaltung

Im Outsourcingvertrag werden die künftig zu erbringenden Leistungen des Providers sowie die Verpflichtungen des FDL und alle weiteren relevanten Faktoren festgelegt.

Im Rahmen der Fallstudienserie wurden die FDL zur Gestaltung des Outsourcingvertrages befragt. Der Schwerpunkt lag hierbei auf den *Service Level Agreements* (SLAs), da diese die Qualität der bezogenen Leistungen definieren. Allerdings sind auch andere, in der Literatur als wichtig erachtete Vertragselemente, wie Bonus- und Malussysteme sowie Haftungsklauseln, bei der Befragung berücksichtigt worden (Bahli und Rivard 2003).

Alle befragten FDL haben in ihren Verträgen **SLAs** definiert. Allerdings ist die Zufriedenheit mit den SLAs zwischen den FDL unterschiedlich. F3, F4, F6 und F8 sind mit den SLAs im Wesentlichen zufrieden. F5 hat aufgrund der engen Verflechtung mit dem Provider erst in der jüngeren Vergangenheit SLAs entwickelt. Anfangs waren SLAs de facto „fast überhaupt nicht vorhanden", inzwischen haben diese „tatsächlich den Namen SLA verdient". F5 ist mit dieser Entwicklung zufrieden, will sie aber noch weiter vorantreiben. F6 hat bei dem aktuell gerade abgeschlossenen zweiten Outsourcingvertrag mit einem neuen Dienstleister deutliche bessere SLAs als in der laufenden (und hier betrachteten) Beziehung, in der der vorhandene Vertrag immerhin schon etwa 750 Seiten umfasst. Trotz der Verbesserung der SLAs im neuen Vertrag ist man auch mit den SLAs in der laufenden Beziehung zufrieden. F7 merkt an, dass man zwar mit den SLAs zufrieden ist, aber zur Optimierung „bis aufs Kleinste heruntergehen könnte". Damit wird das Problem angesprochen, dass Verträge und SLAs inhärent unvollständig sind und niemals alle künftigen Details abdecken können (MacNeil 1980). Diese Erfahrung hat auch F5 gemacht: Seit Beginn der Laufzeit des Vertrages in 2004 ist dieser viermal unter hohem Aufwand mit dem Dienstleister nachverhandelt worden. Dabei lag der Umfang des Schriftsatzes der Nachverhandlungen zwischen 30 und 100 Seiten. F1 und F6 sind mit den vorhandenen SLAs nicht zufrieden, da zu wenige Leistungsaspekte in den SLAs berücksichtigt wurden (F6) oder die vorhandenen SLAs zu wenig detailliert sind (F1). Bei F6 erbringt der Provider immer dann eine gute Leistung, wenn diese durch ein SLA abgedeckt sind. Alle anderen

Leistungen (z. B. Änderungswünsche) werden nur rudimentär und sehr langsam erbracht.

Alle FDL erachten SLAs als eine notwendige Komponente innerhalb eines Outsourcingvertrages. Lediglich F3 hält die SLAs in ihrer aktuellen Beziehung für nicht mehr notwendig, da die Zusammenarbeit mit dem Provider sehr gut ist. Eine Ausnahme bildet die Verrechnung von Leistungen. Dort sind trotz aller Vertrautheit gut definierte SLAs im Vertrag sehr wichtig. Bei der Verrechnung treten „diverse Probleme“ auf, die durch das SLA abgefangen werden.

Alle befragten FDL haben ein **Malussystem** implementiert, das Zahlungskürzungen oder Pönalen bei Schlechtleistungen vorsieht.

F1, F5 und F6 haben eine Klausel im Vertrag, die den allgemeinen **Preisverfall von Hardware** berücksichtigt. F6 beschwert sich darüber, dass die Intention der Weitergabe der Preisreduktionen im Vertrag mit dem Provider festgeschrieben ist, aber nicht gelebt wird. „Diese Teilung (des Preisverfalls) setzt voraus, dass einer der Partner sagt, er hat etwas zum Teilen. Dies tut unser Provider nicht“.

F5, F6 und F7 haben im Vertrag **Haftungsklauseln** vorgesehen, bei den anderen FDL ist dies nicht bekannt. Bei F5 und F7 sind diese Haftungsklauseln detailliert und nach verschiedenen Formen der Haftung (Vorsatz, leichte und grobe Fahrlässigkeit) aufgeteilt. Bei F7 ist das Haftungsvolumen an das Vertragsvolumen gebunden, was von der wissenschaftlichen Literatur als sinnvoller als ein Fixbetrag angesehen wird (Lacity und Willcocks 2003). F6 ist mit den Haftungsklauseln nicht zufrieden, da man diese Klauseln nicht „gelebt bekommt“ und „bei IT selten eindeutig etwas nachweisbar ist“.

Die **Bepreisung** der Leistungen setzt sich in allen betrachteten Beziehungen aus kombinierten fixen und variablen Komponenten zusammen. Der Provider von F8 berechnet die Leistungen für die Applikationen nach einem Fixpreismodell. Das Modell bei F4 ist im Gegensatz zu allen anderen Preismodellen wenig marktorientiert. Durch die enge Verflechtung mit dem Provider wurde zu Anfang nach Mitarbeiterstellen abgerechnet, die nicht an die abgefragte Leistung gebunden waren. Aktuell wird das Preismodell aber marktgerecht angepasst.

Vier FDL (F2, F5, F6, F7) haben in ihren Outsourcingverträgen ein **Benchmarking** der Leistung des Providers vorgesehen. Der Rhythmus dafür schwankt zwischen zwei und drei Jahren.

F5 und F6 haben einen **Individualvertrag**. Dabei betont F6, dass er sich keine **Standardverträge** für Leistungen, die über einfache Dienste wie die Anmietung einer Leitung hinausgehen, vorstellen kann. F8 hat dagegen vom Provider einen Standardvertrag mit nur wenig Anpassungsspielraum vorgelegt bekommen.

Beispielhaft sei hier ein interessantes Vertragselement mit Einfluss auf die Dimensionen der Beziehungsqualität dargestellt, das von den Befragten explizit während der Interviews genannt wurde:

- Outputorientierte SLAs fördern das bankfachliche Verständnis der Providermitarbeiter, in dem z. B. exakt beschrieben wird, welche Wiederherstellungszeiten für bestimmte Systeme bei Ausfall existieren (F1, F5).

Kontrollmechanismen

In der deutschen Finanzdienstleistungsindustrie ist die Überwachung der Leistungen des Providers verbindlich vorgeschrieben. Die generelle Überwachung der FDL erfolgt durch die Bundesanstalt für Finanzaufsicht (BaFin). Zur Erfüllung der einschlägigen Vorgaben der Kontrollorgane (KWG 25a, MaRisk BTO 1/2) sowie zur Aufrechterhaltung ihrer Aufgaben können die FDL sowohl über die Kontrolle der Provider-Reports als auch über die Nutzung eines eigenen Messsystems die Leistungen des Providers überwachen.

Alle der untersuchten FDL erhalten von ihren Providern **Berichte über die erbrachten Leistungen**, allerdings sind nicht alle FDL mit den Berichten zufrieden. F4 erachtet die Berichte als wenig inhaltsreich, ist aber „gerade dabei, gemeinsam mit dem Dienstleister ein Reporting aufzubauen, das viel aussagekräftiger ist". F6 ist der Ansicht, dass die Berichte „alle beanstandungswürdig" sind. Die anderen FDL sind dagegen mit den Reports weitgehend zufrieden.

Zusätzlich zu den von den Providern abgefragten Berichten messen F2, F3, F5, F7 und F8 aktiv die erhaltene Leistung durch die Installation eines eigenen **Messsystems**. Einer der FDL kann sich Kennzahlen für alle Leistungen des Providers anzeigen lassen, jeweils angepasst an den individuellen Bedarf der einzelnen Hierarchieebenen im Unternehmen. Dieses System wurde auf FDL-Seite installiert, weil ein eigenes Messsystem ein wichtiges Element in der Outsourcingstrategie darstellt.

Auch F5 hat in der Vergangenheit ein sukzessive verfeinertes Kontrollsystem installiert, das mittlerweile 6.000 Messgrößen beinhaltet, die von dem FDL überwacht werden. F5 hat nach Verhandlungen mit dem Provider ein System durchgesetzt, das selbständig Daten über die Reaktionszeiten der vom Dienstleister gestellten Hard- und Software sammelt. Somit wird der FDL von den Reports des Providers unabhängig. Der Einsatz dieser Software wurde zu Anfang vom Provider aus Sicherheitsgründen abgelehnt, da diese auf seinen Servern installiert werden muss. Trotz des insgesamt hohen Aufwandes, den F5 für die Kontrolle der Leistungen betreibt, sind entgegen der allgemeinen Erwartung nach Aussage des Providers die Kosten (Hard- und Software sowie Personalressourcen) „für diese Form der Überwachung bisher nicht sehr hoch". F5 ist aber „noch nicht in der Endstufe, so dass nicht wirklich gesagt werden kann, ob es nicht doch übermäßig viel kosten wird". Der Einsatz dieses Kontrollsystems war von F5 nicht ursprünglich geplant, sondern ist die Konsequenz einer Phase, in der der Provider aus Sicht des FDL eine unzureichende Leistung erbracht hat.

F8 verwendet ebenfalls ein eigenes Überwachungssystem und misst neben den technischen Werten (z. B. Ansprechzeiten und Durchlaufzeiten) auch subjektive Größen wie die durch die eigenen Anwender wahrgenommene Qualität, Zufriedenheit usw.

F1 gibt an, dass die Leistungen des Providers zum jetzigen Zeitpunkt noch zu wenig geprüft werden, die Prüfungen aber in den nächsten Monaten verstärkt werden sollen. Allerdings geht F1 davon aus, dass die Diskussion von entdeckten Fehlleistungen mit dem Provider sehr schwierig wird, da dieser bei Vorlage von Unterlagen durch den FDL „schnell eine ganze Menge von Statistiken als Gegenargumente" präsentieren wird, gegen die nur schwer anzukommen sein wird.

Neben der operativen Überwachung besteht ein weiterer Kontrollaspekt darin, regelmäßige **Benchmarks** in Form von Vergleichsangeboten (Preis-Benchmarks) einzuholen (vgl. Vertragsgestaltung). Nur ein FDL (F6) lässt sich während der Vertragslaufzeit von Konkurrenten des eigenen Providers Vergleichsangebote erstellen. F5 nimmt diese Möglichkeit nicht wahr und nennt die Angebotseinholung von Konkurrenten während der Laufzeit eines bestehenden Vertrages „unrealistisch", da die IT „nicht immer hin- und her geschoben werden kann". Die anderen FDL machen dazu keine Angaben.

Keiner der befragten FDL hat für den betrachteten Leistungskomplex einen Konkurrenten des Providers unter Vertrag, der zur Aufrechterhaltung einer Konkurrenzsituation Teile der Leistungen erbringt.

Neben der technischen Kontrolle besteht für die Kunden auch die Möglichkeit, die **Qualifikation der Providermitarbeiter** zu überwachen. Nur einer der befragten FDL (F5) verlangt jedoch von seinem Provider Nachweise über die Schulung sowie die Qualifikation der Mitarbeiter. Bei F2, F3 und F6 weisen die Provider explizit weder Schulungen noch die Qualifikation der Mitarbeiter nach. F2 ist der Ansicht, dass der Provider dieses auch nicht tun muss, wogegen F5 sich dies vom Provider wünscht und auch explizit im nächsten Outsourcingvertrag formulieren wird.

Die **Kontrolle der Leistungen** wird von den Leistungsnehmern nicht als gegenläufig zum Vertrauen gesehen, sondern als Basis eines subjektiv begründeten Vertrauensverhältnisses.

Kontextvariablen

Die Kontextvariablen erfassen die nicht direkt und unmittelbar vom FDL oder vom Provider beeinflussbaren Einflussfaktoren, welche aber dennoch einen Einfluss auf die Beziehungsqualität ausüben.

Die meisten befragten FDL haben entweder durch die Historie des eigenen Unternehmens oder durch die persönliche Erfahrung der befragten Mitarbeiter eine hohe **Outsourcingerfahrung** im Haus. Durch die unterschiedliche Größe der Unternehmen ist ein Vergleich an dieser Stelle jedoch nur schwer darstellbar. Allerdings fällt auf, dass Unternehmen, die Outsourcing schon vor langer Zeit als wichtige Strategie für ihr Haus definiert haben und die notwendigen Strukturen innerhalb des Unternehmens geschaffen haben, auch eine eher gute Outsourcingbeziehung zu ihrem Provider haben. F8, der das Auslagern der Infrastruktur seit langer Zeit betreibt, hat eine klar gekapselte Einheit definiert, die die Provider steuert. Innerhalb dieser Einheit sind Querschnittsfunktionen vorhanden, die beispielsweise rechtliche Fragen adressieren. Ähnlich sieht es bei F2 aus, der klare Schnittstellenstrukturen zum Provider definiert hat (vgl. Abschnitt zur Kontaktstrukturen).

F6 hat hingegen vergleichsweise wenig Erfahrung mit Outsourcing. Die Beziehungsqualität wird hier als besonders schlecht eingeschätzt. Ebenso berichtet F4, der bisher nur Outsourcingerfahrung mit *einem* Provider gemacht hat, von einer zumindest zeitweise schlechten Beziehungsqualität.

Eine hohe Bedeutung für die Beziehungsqualität hat auch die **relative Bedeutung** des FDL für den jeweiligen Provider. F4 hat eine sehr enge Beziehung zu dem Provider und ist für ihn einer der wichtigsten Kunden. Bei F2 ist die Situation ähnlich, da dieser Vertrag innerhalb des deutschen Kundenportfolios aufgrund seines Volumens für den Provider von besonderer Bedeutung ist. Allerdings sind neben dem reinen Vertragsvolumen auch andere Faktoren für die relative Bedeutung ausschlaggebend. Der Vertrag eines der FDL stellt bspw. im Portfolio des Providers ein eher kleines Vertragsvolumen dar, wird aber trotzdem von ihm als für den Provider hoch bedeutsam eingeschätzt, da er diesem den Zugang zum genossenschaftlichen Sektor öffnet und er einer der Referenzkunden des Providers ist. Im Vergleich dazu schätzt F6, der über ein vergleichbares Vertragsvolumen mit demselben Dienstleister verfügt, seine Bedeutung für den Provider als sehr gering ein, da er dem Provider keine vergleichbaren strategischen Vorteile bieten kann. Als Konsequenz klagt F6 auch über eine niedrige Beziehungsqualität.

F5, der seine eigene Bedeutung innerhalb des Kundenportfolios seines Providers als durchschnittlich einschätzt und seit kurzer Zeit eine weitere Beziehung zu einem deutlich kleineren Provider aufgebaut hat, kann allerdings nicht feststellen, dass er von letzterem mehr Aufmerksamkeit entgegengebracht bekommt als von dem größeren Provider. Der FDL betont, dass der größere Dienstleister den Vorteil bieten kann, eigene Forschung zu betreiben, welches einem kleineren Provider nicht ohne weiteres möglich ist. Zwar ist ein relativ kleinerer Provider flexibler als ein größerer, allerdings wird von F5 auch die Gefahr gesehen, dass ein kleiner Provider keine ausreichende Professionalität an den Tag legen könnte.

Die **Komplexität der bezogenen Leistungen** wird von den FDL generell als gut handhabbar und kontrollierbar bezeichnet (F2, F5, F7). Allerdings weist F5 darauf hin, dass sich die Kontrolle einer Leistung schwieriger gestaltet, je höher die Prozessnähe der bezogenen Infrastruktur ist. Diese Aussage wird von F4 untermauert, der einen gesamten Geschäftsprozess ausgelagert hat und feststellt, dass „die Leistungsnehmer-zu-Leistungsgeber-Beziehung viel komplexer ist. [...] als etwa bei Auslagerung einer reinen IT-Infrastruktur“. Einen Wechsel des Providers halten die meisten Befragten (F3, F4, F5, F6, F7, F8) für möglich, aber auch für sehr aufwändig. F2 begründet dies mit den komplexen und miteinander verwobenen Systemen, in die der Provider involviert ist. Die geschätzte Zeitspanne für einen Providerwechsel wird auf ein (F5, F6, F7) bis anderthalb (F8) Jahre geschätzt.

Bis auf F3 und F8 bewerten die befragten FDL die **Personalfluktuation** auf der Seite des Providers als gering bis sehr gering. F2 schätzt eine geringe Personalfluktuation als einen wichtigen Faktor für die Qualität der Kommunikation ein. F5 sieht die Stabilität des Personals als wichtigen Faktor dafür, um Absprachen, die in der Vergangenheit getroffen worden sind, auch nach längerer Zeit noch präsent zu haben. Es wird betont, dass es trotz umfangreicher Dokumentation immer gut ist, einen Mitarbeiter verfügbar zu haben, der noch weiß, wie bestimmte schriftlich niedergelegte Passagen zu interpretieren sind. F3 und F8 sind der Ansicht, dass sich ein Personalwechsel auf der strategischen Ebene leichter kompensieren lässt als auf der operativen Ebene. Bei einem Personalwechsel auf der operativen Ebene „geht viel Erfahrungswissen verloren“, während auf der Account-Manager-Ebene die Prozesse „relativ einfach erlernt werden können“.

Die **kulturellen Unterschiede** zwischen den FDL und ihren Providern werden generell als eher hoch eingeschätzt. Nur F2 und F3 bewerten den kulturellen

Unterschied als eher gering. Dies lässt sich bei F2 dadurch erklären, dass der Befragte einen starken technischen Hintergrund hat. Bei F3 handelte es sich dagegen um einen BPO-Deal. Der Befragte aus F8 beschreibt das eigene Unternehmen als „Prozess- und Kostenoptimierer", den Provider hingegen als „Solution-Provider", der „nicht so sehr auf das Geld schaut wie der FDL".

Die **geografische Distanz** zwischen Kunde und Dienstleister hat einen Einfluss auf die Beziehungsqualität. F2, F5 und F8 trennen nur „wenige Straßen" von ihrem Provider, bei F4 sitzt der Dienstleister sogar im gleichen Gebäude, so dass die Nähe „wie innerhalb eines Unternehmens" empfunden wird. Bei F6 und F7 ist die geografische Distanz zum Dienstleister deutlich größer. F6 beschwert sich, dass die Mitarbeiter des Providers je nach Themengebiet „über die gesamte Republik verstreut sind" und der Provider außerdem „maximale Kundenentfernung" bevorzugt. Bei F7 ist die geografische Distanz ähnlich hoch, allerdings sind dort nahezu immer Mitarbeiter des Dienstleisters im Haus, so dass F7 die größere geografische Distanz nicht als problematisch erachtet.

Für eine funktionierende Beziehung ist nicht nur die horizontale Beziehung zwischen den Partnerunternehmen relevant sondern auch die vertikalen Verbindungen zwischen strategischer und operativer Ebene innerhalb der beiden Unternehmen. Das Verständnis von strategischen Entscheidungen auf der operativen Ebene (**Strategic Fit**) wird bei den FDL als durchschnittlich eingeschätzt. Viele der befragten FDL betonen, dass das Verständnis für strategische Entscheidungen im Allgemeinen und Outsourcing im Besonderen mit sinkender Hierarchiestufe gleichermaßen abnimmt. F1 hält dies allerdings für unproblematisch und hebt hervor, dass die Mitarbeiter auf der operativen Ebene die Entscheidungen der strategischen Ebene überhaupt nicht verstehen müssen, sondern diese nur umsetzen sollen. F6 merkt dagegen an, dass die Mitarbeiter ein gutes Verständnis in Bezug auf die strategischen Entscheidungen haben, da der Großteil der Mitarbeiter „in diesen Vertrag mit hineingewachsen ist". F3 trennt zwischen objektivem und subjektivem Verständnis. Objektiv verstehen die Mitarbeiter alle Entscheidungen des Vorstands. Allerdings kann von ihnen nicht erwartet werden, dass z. B. Personalentlassungen, die mit Outsourcing einhergehen können, von den Mitarbeitern auch akzeptiert werden.

Bei allen FDL sind die Vertragselemente, sofern Sie für einzelne Mitarbeiter relevant sind, diesen auch bekannt. Bei F5 werden die Mitarbeiter auch geschult, damit sie ein Verständnis für den (komplexen) Vertrag entwickeln. Es ist ein Jurist im Hause, der sich als Spezialist ausschließlich um die Outsourcingverträge kümmert. Bei F1 ist der Vertrag den Mitarbeitern nicht bekannt, da der Vertrag „geheime Kommandosache" ist und nur von der Führungsebene eingesehen werden darf.

Beispielhaft sei hier eine interessante Kontextvariable mit Einfluss auf die Dimensionen der Beziehungsqualität dargestellt, die von den Befragten explizit während der Interviews genannt wurde:

- Eine hohe Bedeutung des FDL für den Provider (Vertragsvolumen, FDL ist Referenzkunde) führt zu einer hohen Beziehungsqualität.

Zusammenfassung der Antworten der FDL zu den Einflussfaktoren

In Tabelle 2 werden die Ausprägungen der Einflussfaktoren der befragten FDL zusammengefasst. Auf die Darstellung der Kontextvariablen wird hier aufgrund der Vielschichtigkeit des Konstrukts verzichtet.

	F 1	F 2	F 3	F 4	F 5	F 6	F 7	F 8
Interaktionsstruktur	mittel	mittel	hoch	mittel	mittel	niedrig	hoch	mittel
Interaktionsintensität (formal)	mittel	hoch	mittel	mittel	hoch	niedrig	mittel	mittel
Interaktionsintensität (informell)	hoch	mittel	niedrig	hoch	mittel	mittel	niedrig	hoch
Vertragsgestaltung	niedrig	hoch	mittel	niedrig	hoch	niedrig	hoch	mittel
Kontrollsysteme	mittel	hoch	hoch	niedrig	hoch	niedrig	hoch	mittel

Tabelle 2. Übersicht über die Ausprägung der Einflussfaktoren der Finanzdienstleister

4.1.3 Outsourcingerfolg

Da die Untersuchung laufende Outsourcingbeziehungen betrachtet, die alle schon einige Jahre alt sind, wurde der Outsourcingerfolg durch operative Messgrößen wie generelle Zufriedenheit oder Servicequalität gemessen und nicht durch einen Abgleich von geplanten und realisierten Vorteilen (wie Kostensenkung, Kostenvariabilisierung, Kernkompetenzfokus usw.). Folglich wurde der Erfolg des Outsourcing hier über die erhaltene Qualität der erbrachten Leistungen bewertet, da diese den zentralen Bestandteil jeder Outsourcingbeziehung darstellen, auf den alle Bemühungen in der Beziehung zwischen FDL und ihren Providern ausgerichtet sind. Die Erhebung der Servicequalität erfolgt hier mit dem Instrument SERVQUAL (Parasuraman et al. 1991; Parasuraman et al. 1985; Parasuraman et al. 1994).

Die **Zufriedenheit mit der Servicequalität** variiert zwischen den verschiedenen FDL sehr stark und reicht von einer als sehr schlecht bewerteten (F1) bis hin zu einer als äußerst gut wahrgenommenen Servicequalität (F5). Allerdings können Licht und Schatten auch sehr nah beieinander liegen. F5, der inzwischen sehr zufrieden mit der vom Dienstleister gebotenen Leistung ist, berichtet über eine sehr schlechte Servicequalität noch vor einem Jahr („Hätten Sie mich vor einem Jahr gefragt, hätte ich gesagt, das ist alles Schrott, was die liefern"). Der Dienstleister hat die Qualität seiner Leistung innerhalb von wenigen Monaten drastisch steigern können, ohne dass der Befragte die Ursache für den vorherigen Qualitätseinbruch nennen kann („Ich glaube auch, dass der Provider (in Bezug auf die gelieferte Qualität) ratlos war"). Allerdings wurde zur Behebung des Qualitätsdefizits vom Provider ein *Quality-Improvement-Projekt* durchgeführt, indem unter Einbeziehung des Managements beider Seiten die Mitarbeiter des Providers geschult wurden. Schwerpunkte dieser Schulungen waren *Management Awareness* und *Softskills*.

F1 leidet vor allem unter dem vom Mutterkonzern abgeschlossenen Outsourcingvertrag, auf den die lokale Gesellschaft keinen Einfluss hatte („Wir sind die Rundungsdifferenz im Konzern"). Die Erbringung der IT-Leistungen durch den Provider dauert deutlich länger verglichen mit der Eigenerstellung vor der Auslagerung und sie kostet dabei zusätzlich noch 30% mehr. Alles in allem wird die vom Provider erbrachte Leistung durch F1 als desaströs eingeschätzt und „wenn sich nichts ändert, wird die Situation eskalieren".

Die meisten FDL sind weitestgehend zufrieden mit den Leistungen ihres Providers. Zwar berichten alle FDL davon, dass der Provider die Fristen nicht immer einhält (F2, F3, F5, F7, F8), aber andere Konkurrenten sind letztendlich auch nicht zuverlässiger (F8) und „kochen auch nur mit Wasser" (F2). Bei F2 werden etwa 20-30% der Leistungen zu spät vom Provider geliefert. F3 bemängelt, dass bei internen Veränderungen des Providers (z. B. neues Datacenter) die Zahl der monatlichen Ausfälle spürbar ansteigt. Die Zuverlässigkeit des Dienstleisters von F6 wird in Bezug auf die Störungen als akzeptabel eingeschätzt. Zusätzlich dazu ist der Provider bei Änderungswünschen vollkommen unzuverlässig (er hat in diesem Punkt die Einstellung „I don´t care" gegenüber dem FDL). Dieses wird durch das Fehlen von SLAs für Änderungswünsche des FDL erklärt.

Alles in allem hat sich in allen Beziehungen (außer bei F6, dort wird von einer konstant schlechten Leistungsqualität berichtet) die Zuverlässigkeit der bezogenen Leistung seit Beginn der Auslagerung verbessert. Alle FDL berichten gleichermaßen von einer Übergangsphase, in der die Leistungen temporär hinter den Erwartungen zurückbleiben („Tal der Tränen").

Mit der **Reaktionsfreudigkeit** des Providers in Bezug auf angefragte Standardlösungen, die sich im Portfolio des Providers befinden, sind zumindest einige FDL (F1, F3, F6) zufrieden. Diese können schnell vom Provider geliefert und eingesetzt werden. Sobald jedoch Individuallösungen abverlangt werden, attestieren die FDL ihren Providern ein Totalversagen. Die Geschwindigkeit der Provider, mit der sie auf individuelle Anfragen reagieren, wird als sehr gering und ihr Verhalten gegenüber den FDL als „stur" beschrieben (F1).

Die **Leistungskompetenz** der Provider in Bezug auf die erbrachten Leistungen wird von den FDL mittelmäßig eingeschätzt. F3 und F6 bemerken auftretende Fehler oft, bevor sie der Provider darüber informiert. Dieses wird aber von F3 als nicht sehr kritisch angesehen, da die Applikationen mit einem Messsystem ausgestattet sind und die interne Meldung innerhalb des FDL besser funktioniert, als vom Provider zum FDL. F6 bemerkt Störungen nahezu immer vor dem Provider, der den Kunden selten aktiv über Ausfälle und Störungen benachrichtigt.

Drei FDL (F2, F5, F6) geben an, dass der Provider in Diskussion hin und wieder unhöflich wird, allerdings wird das von F2 und F5 als nicht ungewöhnlich empfunden. „In jeder Verhandlung sollte es einmal laut werden, damit es eine gute Verhandlung ist“ (F5). Beide FDL sind aber der Ansicht, dass keiner der Providermitarbeiter unbegründet laut geworden wäre. F6 beantwortet diese Frage mit dem Satz „wir haben uns noch nie geschlagen“ und erläutert, dass der Provider schon mehrfach mit dem sofortigen Einstellen des Services gedroht hat.

Die **IT-Kompetenz der Providermitarbeiter** wird von der Hälfte der FDL (F1, F2, F3, F5) durchgängig als hoch bis sehr hoch eingeschätzt. F8 beurteilt dagegen die Kompetenz der Providermitarbeiter als sehr heterogen: Teilweise sind sie sehr kompetent, teilweise weniger (hier werden insbesondere die Vertriebsmitarbeiter genannt). Auch F6 ist mit der IT-Kompetenz der Providermitarbeiter nicht vollständig zufrieden, aber „es gibt auch da ein paar Lichtblicke“.

In Tabelle 3 ist der Outsourcingerfolg der befragten FDL zusammenfassend abgebildet.

Beispielhaft sei hier ein interessanter Servicequalitätsfaktor mit Einfluss auf die Dimensionen der Beziehungsqualität dargestellt, der von den Befragten explizit während der Interviews genannt wurde:

- Die Steigerung der Servicequalität wirkt sich positiv auf das gegenseitige Vertrauen aus.

	F 1	F 2	F 3	F 4	F 5	F 6	F 7	F 8
Outsourcingerfolg	niedrig	hoch	mittel	hoch	hoch	niedrig	mittel	mittel

Tabelle 3. Übersicht über den Outsourcingerfolg der Finanzdienstleister

4.2 *Untersuchung der Providerperspektive*

Im Rahmen der Studie wurden zehn Provider befragt, die im Nachfolgenden durch P1-P10 gekennzeichnet sind. Bei den untersuchten Beziehungen handelt es sich bei P1-P8 um Leistungen für Finanzdienstleistungsunternehmen sowie bei P9 und P10 um Leistungen für die produzierende Industrie. Innerhalb der Providerunternehmen wurde für die Untersuchung in der Regel eine Person identifiziert, die eine konkrete Outsourcingbeziehung verantwortet (sog. Service Delivery Manager, SDM). In einigen Fällen war dies jedoch nicht möglich, die Untersuchung wurde dann mit einem höherrangigen Mitglied des Unternehmens durchgeführt. Dann wurden die Befragten dennoch gebeten, sich im Rahmen der Untersuchung durchgängig auf eine oder zwei konkrete Kundenbeziehungen zu fokussieren.

4.2.1 Dimensionen von Beziehungsqualität

Eine Übersicht über die befragten Provider befindet sich in Kapitel 3.2 sowie eine detaillierte Beschreibung der Dimensionen der Beziehungsqualität in Kapitel 2.2.

Vertrauen

Vertrauen in einer Outsourcingbeziehung beinhaltet die Erwartung, dass sich der Partner wohlwollend und offen gegenüber der anderen Partei verhält (Das und Teng 2001).

In der wissenschaftlichen Literatur wird die Einbeziehung des IT-Outsourcingpartners in die Gestaltung der IT-Strategie und der Unternehmensstrategie als wichtiges Indiz für eine vertrauensvolle Beziehung gesehen. Bis auf einen Provider (P8) geben alle Befragten an, in die Entwicklung der **IT-Strategie** des Kunden mit einbezogen zu werden. Allerdings sind der Umfang und der Zeitpunkt, zu dem dies passiert, in den untersuchten Beziehungen vollkommen unterschiedlich. P2, P3, P4 und P10 werden frühzeitig von ihren Kunden in die IT-Strategie-Entwicklung (in den sie betreffenden Teilausschnitten), die ihre Dienste betreffen, mit einbezogen. Bei Provider P3 wurde zudem in der Vertragsverlängerung gezielt auf die Definition von SLAs verzichtet, da diese nicht mehr notwendig waren. Der Kunde von P3 tritt bei neuen Angeboten zuerst an seinen Provider heran. Darüber hinaus hat P3 eine „Last Call“ Option und kann nach Konkurrenzangeboten immer noch ein überarbeitetes eigenes Angebot abgeben. Die frühe Einbeziehung in die IT-Strategie-Entwicklung ist insbesondere bei P2 anders als gemeinhin erwartet erstaunlich, da er im Gegensatz zu den anderen Providern „nur“ Telekommunikationsdienstleistungen für seinen Kunden erbringt.

P5 und P7 beschweren sich darüber, dass sie vom Kunden erst spät in die IT-Strategie eingebunden werden. P7 bewertet dieses Verhalten seines Kunden jedoch nicht als „bösen Willen“. Aus Sicht des Providers sind einfach noch weitere „Lernprozesse“ auf Kundenseite notwendig, damit die Einbindung künftig früher geschieht. Allerdings muss hier angemerkt werden, dass die Beziehung sich bereits im letzten Drittel der Vertragslaufzeit befindet. Wenn P7 von seinem Kunden Informationen über seine IT-Strategie erhält, passiert dieses hauptsächlich über informelle Kanäle. Der Provider hat gute Erfahrungen gemacht, wenn er sich selbst gegenüber seinem Kunden öffnet. Offenbart er seinem Kunden die eigenen Ziele, reagiert der Kunde im Gegenzug ebenfalls mit Offenheit in Bezug auf seine Strategien.

Eine Ausnahme in Bezug auf die Einbeziehung in die IT-Strategie des Kunden ist P10. Hier hat der Kunde gar keine IT-Infrastruktur-Strategie und erwartet vom Provider, dass dieser die IT-Infrastruktur-Strategie für ihn erstellt.

Ganz anders stellt sich die Situation bei der **Einbeziehung in die Unternehmensstrategie** dar. Keiner der Provider wird von seinen Kunden aktiv in die Entwicklung der Unternehmensstrategie eingebunden. Allerdings gibt ein Provider an, dass er bei Planungsmeetings des Kunden anwesend ist und er „dort manchmal auch den Rest (der Strategie) mitbekommt“ (P9). Bei P4 und P10 werden die Leistungen für ein Unternehmen innerhalb des Konzernverbundes erbracht. Die Befragten geben an, dass es „zwischen den Vorständen beider Häuser kollegiale Verflechtungen gibt“, so dass dort „eventuell über die Strategien der beiden Häuser gesprochen wird“.

Die **schriftliche Fixierung** von Absprachen wird von nahezu allen befragten Providern als professionelles Handeln in einer Outsourcingbeziehung gesehen, die Transparenz schafft. Einige Provider weisen darauf hin, dass „Kleinigkeiten“ auch per Zuruf zwischen beiden Parteien funktionieren, ohne dass sie einer schriftlichen Dokumentation bedürfen. Andererseits hat selbst P3, in dessen Beziehung zum Kunden „immer auch ein Handschlag ausreicht", in der kürzlich vorgenommenen Vertragsverlängerung die Notwendigkeit der schriftlichen Fixierung von Beschlüssen ergänzt. P7 merkt an, dass eine zu starke schriftliche Fixierung in einer bereits lange andauernden Beziehung als Misstrauensvotum gegenüber dem Provider gesehen wird.

Bei der **Offenlegung der Kalkulationen** gegenüber den Kunden sind alle Provider sehr zurückhaltend. P4, P5, P7 und P9 legen den Kunden sehr eingeschränkt (z. B. bei Preisveränderungen der variablen Kosten) Teilpreise offen, um dem Kunden die Anpassungen zu erläutern. Nur P10 legt bei einzelnen Paketen (z. B. WAN-Anbindung) dem Kunden detailliert seine Kosten offen. Allerdings ist dieser Kunde auch ein Unternehmen im Konzernverbund.

Beispielhaft seien hier einige interessante Faktoren mit Einfluss auf die Beziehungsqualitätsdimension *Vertrauen* dargestellt, die von den Befragten explizit während der Interviews genannt wurden:

- Dauer der Beziehung: Bei P3, P4 und P9 herrscht ein sehr hohes Vertrauen in der Outsourcingbeziehung. Es fällt auf, dass P3 und P8 die mit Abstand langjährigste Outsourcingbeziehung der befragten Dienstleister aufweisen (P3 seit 8 und P8 seit 13 Jahren).

- Regelmäßiger informeller Austausch mit dem Gegenüber (P4). Während eines gemeinsamen Projektes sind der Befragte auf Providerseite sowie sein Kunde sehr oft mit der Bahn gemeinsam über längere Strecken innerhalb Deutschlands gefahren, wodurch sich ein starkes Vertrauensverhältnis gebildet hat.

- Enge wirtschaftliche Verflechtungen mit dem Kunden (P4). Der Provider ist aus dem Unternehmen des Kunden hervorgegangen, dabei wurde die Mehrzahl der Mitarbeiter des Providers aus dem Kundenunternehmen übernommen. Allerdings ist die Beziehung nicht immer vertrauensvoll gewesen. Das anfänglich große Vertrauen ist nach kurzer Zeit stark gesunken und musste über die Jahre wieder erarbeitet werden. Inzwischen ist das gegenseitige Vertrauen bei den Parteien wieder auf hohem Niveau (nach beidseitiger Einschätzung).

- Reduktion von Kontrollmechanismen (P3). Bei P3 kann die frühe Einbeziehung in die IT-Strategie dadurch erklärt werden, dass er einerseits prozessnahe Applikationsleistungen erbringt und andererseits zwischen ihm und seinem Kunden eine lange und von Vertrauen geprägte Beziehung besteht. In dieser wurde im Laufe der Jahre z. B. auch mehr und mehr auf den Einsatz von Kontrollmechanismen durch den Kunden verzichtet. Diese Reduktion der Kontrollmechanismen auf Kundenseite wird vom Provider als vertrauensbildendes Instrument angesehen.

- Erbringung von reinen Infrastrukturleistungen ist ein Hemmnis für die Einbeziehung in strategische Fragen (P10). Die Erbringung von prozessnahen Leistungen erhöht dagegen die Einbindung in die Strategieentwicklung des Kunden (P6). Aus seiner Erfahrung bei anderen Outsourcingprojekten stellt der CIO von P10 fest, dass sein Unternehmen eher bei prozessnahen Leistungen (wie z. B. Applikationsentwicklung) mit in die Strategieplanung seiner Kunden eingebunden wird als bei reinen IT-Infrastrukturleistungen. Ähnlich argumentiert auch der Befragte von P6. Seit bei der Vertragsverlängerung mit dem Kunden die SLAs auf den Prozessoutput definiert worden sind, hat die Einbeziehung des Providers in strategische Fragen zugenommen, wenn auch dort noch ein Verbesserungspotenzial vom Provider gesehen wird.

- Stellung als Top-Provider (P5): Wichtige Provider werden beim Kunden eher in die Strategieentwicklung eingebunden als unwichtige.

- Die Einführung eines Quartalsreviews mit der Geschäftsführung des Kunden hat das Vertrauen in der Beziehung stark verbessert.

Kommunikationsqualität

Kommunikationsqualität beschreibt den Grad der Effektivität im Informationsaustausch zwischen dem Dienstleister und seinem Kunden (Marcolin und Ross 2005).

Im Wesentlichen sind alle befragten Provider der Ansicht, dass sie mit ihrem Kunden weitestgehend **offen und konstruktiv kommunizieren** können und

Probleme offen angesprochen werden können. Dabei betont P10, dass bei der Problemansprache die Wahl des richtigen Zeitpunktes entscheidend ist („nur wenn der Ansprechpartner gerade nicht mit anderen Problemen belastet ist"). P8 betont insbesondere die Bedeutung der „offensiven" Problemansprache durch den Provider. Dies wird von P7 ebenfalls hervorgehoben, da „das Nicht-Ansprechen von Problemen für den Provider mit einer Pönalzahlung endet".

P1 und P5 sehen ein Gefälle der offenen Kommunikation von der Managementebene hin zur operativen Ebene. P1 gibt an, dass nach Lösung aller Anfangsprobleme ein „entspanntes Verhältnis" auf der Managementebene herrscht, dieses aber zunehmend weniger ausgeprägt ist, je weiter man sich in Richtung der operativen Ebene bewegt. P5 erklärt dies dadurch, dass hin und wieder die Mitarbeiter des Kunden auf der operativen Ebene, die ihre Aufgaben an den Provider abgegeben haben, „versuchen dem Provider ständig nachzuweisen, wie schlecht er seinen Job macht". Bei P10 wurde die Frage nach offener und konstruktiver Kommunikation je nach befragter Hierarchieebene unterschiedlich beantwortet. Der Director IT Infrastructure sieht die Kommunikation zum Kunden als offen und problemlos, während der vorgesetzte CIO hingegen noch einige Probleme bei der offenen Kommunikation sieht. Diese wird vor allem durch die nicht erbrachte Mitwirkungspflicht des Kunden erklärt.

Sechs der befragten Provider (P3, P4, P5, P6, P7, P8) können auftretende Probleme in ihrer Beziehung gut auf operativer Ebene lösen, ohne dass es zu nennenswerten **Eskalationen in höhere Managementebenen** kommt. P4 und P5 haben entsprechende Leitlinien definiert, die eine zu schnelle Eskalation durch die Hierarchieebenen nach oben verhindern sollen. Außerdem betont der Befragte von P4, dass er zu Eskalationen, die von unteren Hierarchieebenen zu ihm gelangen „inhaltlich wenig beitragen kann". P1, P2 und P10 berichten von häufigen Eskalationen entlang der Hierarchiestruktur, ohne dass die vorhandenen Probleme auf der Arbeitsebene gelöst werden können. Dabei werden diese Eskalationen bei P1 und P2 besonders stark durch den Kunden forciert. P1 berichtet, dass der Kunde bestimmte Probleme bewusst entlang der Hierarchie nach oben eskalieren lässt, um z. B. zusätzliche strategische Ziele umzusetzen (beispielsweise Forderungen nach Zusatzleistungen). Der Kunde ist dadurch aus der Sicht von P1 in der besseren Verhandlungsposition, da der Provider durch die Eskalationssituation „bereits in der Defensive ist“. Außerdem ist bei diesem Kunden aus Sicht des Providers die „Personaldecke für die zu lösenden Aufgaben im Providermanagement viel zu dick“. Der Kunde hat gut funktionierende Prozesse zur Eskalation von Problemen entlang der Hierarchiestrukturen, was durch die „dicke Personaldecke“ (und damit freie Ressourcen) aus Sicht des Providers noch unterstützt wird. P10 erklärt sich die hohe Anzahl von Problemen, die nicht auf Arbeitsebene gelöst werden können und dann entlang der Hierarchie nach oben eskalieren, über die (im Vergleich zu den definierten SLAs) zu hohe Erwartungshaltung des Kunden. Der Provider geht davon aus, dass sich die Anzahl der nach oben eskalierten Probleme nach Abschluss der Migrationsphase (der Outsourcingvertrag von P10 ist erst ein Jahr alt) auf ein normales Maß reduzieren wird (P1 und P10 haben beide die mit Abstand jüngsten Outsourcingbeziehungen unter den befragten Providern).

Bei fünf der befragten Provider erfolgt die Kommunikation mit dem Kunden im Wesentlichen auf der jeweils hierfür **vorgesehenen Ebene**. Der Anteil der Kommunikation, die auf der “falschen“ Ebene stattfindet, wird von den Befragten als gering eingeschätzt. In der Beziehung von P2 beträgt dieser Anteil lediglich etwa 5%. P7 schätzt diesen Anteil etwas höher ein, erklärt dies aber hauptsächlich durch die zeitweilige Nicht-Verfügbarkeit des Ansprechpartners auf Seiten des Providers: Schätzt der Mitarbeiter des Kunden ein Problem als kritisch ein und ist zur gleichen Zeit sein Ansprechpartner auf Providerseite nicht verfügbar, eskaliert er das Problem auf eine andere Hierarchieebene auf Providerseite. Das lässt sich aber „durch Erziehung des Kundenmitarbeiters“ in den Griff bekommen. Nur P1 beschwert sich über einen massiven Anteil an Kommunikation, die die vorgesehenen Ebenen der Kommunikation verlässt. So wird insbesondere das Service-Management auf Providerseite mit zu vielen operativen Anfragen durch den Kunden belastet.

Beispielhaft seien hier einige interessante Faktoren mit Einfluss auf die Beziehungsqualitätsdimension *Kommunikationsqualität* dargestellt, die von den Befragten explizit während der Interviews genannt wurden:

- Dauer der Beziehung (längere Dauer führt zu besserer Kommunikationsqualität, üblicherweise merkbare Verbesserung nach Ende der Migrationsphase) (P10).
- Erstmaliges Outsourcing (ineffiziente „Kreuz-und-quer-Kommunikation" aufgrund erstmaliger Auslagerung des Kunden) (P1)
- Vorhandensein eines strukturierten Providermanagements auf Seiten des Kunden (ineffektive „Kreuz-und-quer-Kommunikation" aufgrund des Nichtvorhandenseins klarer Providermanagementstrukturen) (P1)
- Gemeinsames Anforderungsmanagement zusammen mit dem Kunden (P2)
- Klar definierte finanzielle Verantwortungsrahmen (Kompetenzrichtlinien) der Mitarbeiter reduzieren Eskalationen maßgeblich (P4).
- Konfliktlösungsroutinen sorgen für eine effektive Kommunikation (P6).
- Detaillierte SLAs erfordern vom Provider offene Kommunikation (Transparenz), da andernfalls Pönalen fällig werden (P7).

Gegenseitiges fachliches Verständnis

Das fachliche Verständnis beschreibt den Grad IT-fachlicher/bankfachlicher Kompetenz aufseiten des Kunden/Providers aber auch die beidseitige Fähigkeit, in einer gemeinsamen Sprache kommunizieren zu können (Lee und Kim 1999).

Sechs der befragten Provider (P2, P6, P7, P8, P9, P10) schätzen die **IT-Fähigkeiten** ihrer Ansprechpartner auf Kundenseite als hoch ein. Diejenigen Provider, die die IT-Fähigkeiten ihrer direkten Ansprechpartner als eher gering einschätzen (P1, P3), merken an, dass ihr Ansprechpartner bei IT-bezogenen Fragen jederzeit auf technikaffine Mitarbeiter zurückgreifen kann. Somit kann der Kunde technikbezogene Fragen qualifiziert mit dem Provider diskutieren. P2 gibt darüber hinaus allerdings an, dass es den Mitarbeitern seines Kunden teilweise an *bank*fachlichen Fähigkeiten mangelt. Das mag erstaunlich klingen, lässt sich aber durch die Struktur des Kundenunternehmens erklären. Eine eigene IT-Organisationseinheit ist für den Kontakt des Kunden zum Provider zuständig, in der die Mitarbeiter mehr IT- als bankfachliche Kenntnis aufweisen. Diese Aussage ist besonders interessant, wenn man sich die vom Provider erbrachten Leistungen anschaut. P2 erbringt reine Telekommunikationsinfrastrukturleistungen und achtet trotzdem auf ein starkes bankfachliches Verständnis seiner Mitarbeiter. Er ist der Ansicht, dass seine Mitarbeiter das Geschäft des Kunden im Wesentlichen verstehen müssen, um erfolgreich IT-Dienste erbringen zu können. Die Mitarbeiter dieses Providers werden regelmäßig bankfachlich geschult und beim Kunden „durch die Abteilungen geführt".

Um die bankfachliche oder kundenspezifische Kompetenz des Providers beurteilen zu können, wurde auch immer nach dem persönlichen Hintergrund des für die Beziehung verantwortlichen Service Delivery Manager gefragt. Drei der befragten Personen haben keinen **betriebswirtschaftlichen Hintergrund** (betriebswirtschaftliche Ausbildung oder langjährige Erfahrungen bei FDL) (P2, P6, P8). Sieben der befragten Personen haben entweder eine betriebswirtschaftliche Ausbildung (P9) oder langjährige Erfahrung in betriebswirtschaftlichen Aufgaben (P1, P3, P6) oder beides (P4, P5, P10). Keine der befragten Personen hat in der Vergangenheit bei einem vergleichbaren Kundenunternehmen gearbeitet, alle haben aber hohe Erfahrung im Erbringen von Diensten für die (Banken-)Branche.

Die Kunden von sieben der befragten Provider (P3, P4, P5, P6, P7, P9, P10) können ihre **fachlichen Anforderungen aus der Sicht des Providers gut vermitteln**. P3 differenziert diese Aussage allerdings. Sein Kunde kann Anforderungen an die Änderung und Wartung von Applikationen sehr detailliert äußern, ist allerdings bei Anforderungen an die Infrastruktur deutlich schlechter in der Lage, diese dem Provider adäquat zu kommunizieren. P4 betont, dass der Kunde neben der Fähigkeit, seine Anforderungen zu äußern, auch gerne zusammen mit dem Provider weitere Verfeinerungen der Anforderung erarbeitet, um kostengünstigere und effiziente Lösungen zu erarbeiten.

Die Kunden von P1, P2 und P8 können dem Provider ihre Anforderungen nur sehr eingeschränkt vermitteln. P1 erklärt dieses durch das im ersten Jahr der Outsourcingbeziehung fehlende Providermanagement sowie die fehlenden IT-fachlichen Kenntnisse seitens des Kunden. Insbesondere das fehlende technische Know-how des Kunden wird vom Provider als großes Problem angesehen, wodurch der Provider die vorhandenen Reports (in Bezug auf Trends oder künftige Entwicklungen) nicht mit dem Kunden diskutieren kann. Dadurch kann der Provider bei diesem Kunden nur schwer Neugeschäft außerhalb des bestehenden Vertrages akquirieren. P2 erachtet die Anforderungen des Kunden dagegen häufig als zu wenig detailliert, so dass auf das erste Angebot des Providers nach Präzisierung der Kundenwünsche meistens ein zweites erstellt werden muss. Dies ist besonders bei zeitkritischen Prozessen ärgerlich, weil sehr viel Zeit für die Angebotserstellung verbraucht wird, die andernfalls in die Umsetzung investiert werden könnte.

Bei P10 antworten die beiden Befragten (CIO u. Director IT Infrastructure) je nach Hierarchieebene unterschiedlich. Der Director IT Infrastructure differenziert bei seinem Kunden zwischen dem CIO und den untergeordneten Hierarchieebenen („Mannschaften"). Die „Mannschaften" des Kunden können ihre Anforderungen sehr gut beschreiben, der CIO hingegen ist aus Sicht des Directors zu passiv. Es herrscht ein „Wunschgedanke" vor, denn der CIO des Kunden verlangt vom Provider, dass er „dem Kunden doch eigentlich sagen müsste, was der Kunde braucht". Der CIO des Providers hingegen ist der gegensätzlichen Ansicht, dass alle Mitarbeiter des Kunden ihre Wünsche adäquat äußern können (inklusive des Kunden-CIOs).

Beispielhaft seien hier einige interessante Faktoren mit Einfluss auf die Beziehungsqualitätsdimension *gegenseitiges fachliches Verständnis* dargestellt, die von den Befragten explizit während der Interviews genannt wurden:

- Etablieren eines dedizierten Providermanagements: Sobald der Kontakt vom Kunden her über einen gezielten Kreis von Personen erfolgt (diese müssen fachlich kompetent sein), verbessert sich das gegenseitige fachliche Verständnis (P1).
- Zeit: mit zunehmender Dauer der Beziehung verbessert sich das gegenseitige fachliche Verständnis („Man gewöhnt sich aneinander und versteht die Prozesse des anderen besser.").
- Alignment der Retained Organization mit der Fachabteilung (P2).

Einflussmöglichkeit

Die Einflussmöglichkeit innerhalb einer Outsourcingbeziehung ist die positiv konnotierende Möglichkeit, die Entscheidungen des Partners beeinflussen zu können (Klepper 1995).

Alle befragten Provider sind gegenüber ihren Kunden bereit, Personal bei Bedarf auszutauschen. Allerdings unterscheiden sich die befragten Unternehmen stark in Ihrer individuellen Herangehensweise bei einem **Personalaustausch**. P1, P2, P3, P6, P7, P8 und P9 sind jederzeit bereit, auf Anfrage des Kunden ihr Personal auszutauschen. Dabei sind die Erfahrungen der Provider sehr unterschiedlich. P3, P6, P7 und P9 haben schon häufig Personal auf Wunsch des Kunden ausgetauscht. Dabei betraf der Wunsch des Austauschs bei P3 sogar den Projektmanager auf Providerseite. P1, P2 und P8 berichten nur von wenigen Fällen (P1, P2) oder bisher gar keiner Anfrage (P8). Besonders bei P8 ist dieses erstaunlich, da er die langjährigste Beziehung aller befragten Provider aufweisen kann (13 Jahre). P3 und P6 sind der Ansicht, dass sie auch auf der Kundenseite einen Personalaustauschwunsch ansprechen könnten, auch wenn sie dieses bisher nicht gemacht haben.

P4 und P5 sind eher zurückhaltend, wenn es um den Austausch ihres Personals geht. P4 ist der Ansicht, dass „Personalentscheidungen grundsätzlich von der jeweiligen Führungskraft getroffen werden" und daher ein „direkter Eingriff des Kunden auf Personalentscheidungen abgelehnt wird". Es wird aber gleichzeitig eingeräumt, dass Kompromissbereitschaft in einer Outsourcingbeziehung sehr wichtig ist und daher der Kunde bei Neubesetzungen von Stellen informiert wird. P5 handhabt Personalwünsche des Kunden ähnlich. Ein Personalwechsel sollte „nicht vorschnell ausgeführt werden". Dies passiert nur, wenn „der Kunde das eigene Bild gegenüber eines Mitarbeiters bestätigt". Insbesondere bei Festpreisprojekten lässt sich der Provider „Personalfragen vom Kunden nicht komplett diktieren".

P3, P5 und P7 lassen ihre Kunden in ihre **Serviceprozesse eingreifen** und bereits eingestellte Tickets repriorisieren. Dabei beschwert sich P7, dass – sofern der Kunde ein Ticket falsch priorisiert (z. B. zu hoch) und damit andere Prozesse beim Provider nach hinten gestellt werden – der Provider „damit leben muss, ggfs. eine Pönale zu zahlen", ohne dass ein Verschulden auf Seiten des Providers vorliegt. P1, P2 und P8 lassen ihre Kunden nicht in die Serviceprozesse eingreifen, gewähren ihnen aber einen Einblick in die aktuelle Reihenfolge. P8 betont dabei, dass es schwer ist, den Kunden nicht eingreifen zu lassen. Aufgrund der langjährigen Beziehung und der geografischen Nähe versucht der Kunde es immer wieder („Wenn man lange im Betrieb ist, wird man vereinnahmt.").

Commitment

Unter Commitment wird die Bereitschaft des Providers verstanden, die Beziehung zum Kunden langfristig aufrecht zu erhalten und dafür proaktiv entsprechende Ressourcen einzusetzen (Goles und Chin 2005).

Acht der befragten Provider (P1-P4, P6-P8, P10) schätzen ihren Kunden als **strategisch äußerst wichtigen Kunden** für das eigene Unternehmen ein. Dies äußert sich darin, dass P1 diesem Kunden einen Platz in seinem Beirat eingeräumt hat, P2 und P3 mit diesem Kunden als Referenzkunden werben, P4 eine besonders hohe Leistungsbereitschaft (z. B. Wochenendarbeit) gegenüber diesem Kunden zeigt und P8 „grundsätzlich seine SLAs übererfüllt („99,99% anstatt 99% Verfügbarkeit"). Nur im Haus von P5 wird die strategische Bedeutung des Kunden als mittelmäßig eingestuft. Der Befragte sieht diese Entscheidung seines Hauses allerdings als nicht richtig ein, da dieser Kunde der größte Kunde im Finanzsektor in Zentraleuropa ist.

Alle Provider zeigen gleichermaßen eine hohe Bereitschaft, am Abend oder am Wochenende für den Kunden zu arbeiten. Allerdings beschwert sich P1, dass der Kunde dies explizit vom Provider verlangt, im Gegenzug aber nicht bereit ist, seine Mitarbeiter zur gleichen Zeit arbeiten zu lassen (falls die zu bearbeitenden Prozesse die Einbindung der Mitarbeiter des Kunden erfordern). P7 bezeichnet sein Engagement sowie das des Teams, das im Hause des Providers für den Kunden zuständig ist, als sehr hoch, allerdings vermisst er die gleiche Begeisterung und Arbeitsbereitschaft bei den „indirekt betroffenen" Bereichen im eigenen Haus. Diese reagieren oft zu langsam und bürokratisch.

Es fällt auf, dass fast alle der befragten Provider die strategische Bedeutung der untersuchten Beziehung als sehr hoch einschätzen. Dies kann einerseits dadurch erklärt werden, dass die Provider bei der Auswahl einer Kundenbeziehung, die dem Interview zugrunde liegt, immer nur die besonders bedeutsame Kundenbeziehung ausgewählt haben. Andererseits stützt auch die Aussage von P8, dass für „den Service Manager sein Deal immer die höchste strategische Bedeutung hat", die Vermutung, dass die Befragten keine Antwort aus Unternehmenssicht gegeben sondern vielmehr aus ihrer individuellen Sicht in Hinblick auf die von Ihnen geführte Beziehung abgegeben haben.

Beispielhaft sei hier ein interessanter Faktor mit Einfluss auf die Beziehungsqualitätsdimension *Commitment* dargestellt, der von den Befragten explizit während der Interviews genannt wurde:

- Besondere Wichtigkeit des Kunden (Referenzkunde, besonders hohes Vertragsvolumen, herausragende Position des Kunden im Markt, hohe Sichtbarkeit der Dienstleistungen des Kunden im Markt) (P1-P4, P6, P8)

Konflikt

Die Menge der Konflikte, die in einer Outsourcingbeziehung auftreten, wird hier als Negativbestandteil der Beziehungsqualität einbezogen. Eine geringe Anzahl von Konflikten zwischen beiden Parteien steht tendenziell für eine hohe Beziehungsqualität (Goles und Chin 2005).

Ebenso wie bei der Auswertung der FDL können wir hier keinen quantitativen Überblick über diejenige Anzahl von Störungen geben, die Konflikte auslösen. Ein sinnvoller Vergleich der Anzahl der auftretenden Störungen wäre aufgrund der unterschiedlichen Outsourcingobjekte nicht möglich.

Alle Provider melden gleichermaßen, dass die Anzahl der Störungen zurückgeht, je länger der Vertrag mit dem Kunden läuft. Parallel wird von P5, P6 und P9 angegeben, dass der Wechsel eines vom Kunden übernommenen Systems zu einem vom Provider neu implementierten System, das im Vergleich zum Vorgängersystem eine hohe Zuverlässigkeit mitbringt, zu einer deutlichen

Reduktion der Konflikte zwischen Provider und Kunde geführt hat. P5 stellt fest, dass es „bei der IT-Infrastruktur wesentlich mehr Störungen und daraus resultierende Konflikte gibt als im Applikationsumfeld". Alle Provider geben an, dass schwere Konflikte, z. B. verursacht durch einen Gesamtausfall des Systems, in der Vergangenheit nur sehr selten oder gar nicht in den Beziehungen vorgekommen sind.

P1 bis P9 haben in der untersuchten Beziehung bisher keinen **neutralen Dritten** als Schlichter einschalten müssen. P9 würde die „Beziehung als zerrüttet erachten" wenn ein neutraler Schlichter mit einbezogen werden müsste, da dann „offensichtlich der Provider das Vertrauen seines Kunden bereits verloren hat". Die Befragten von P1, P2 und P6 merken aber an, dass sie in anderen Outsourcingbeziehungen bereits neutrale Dritte einschalten mussten. Eine **gerichtliche Klärung** von Problemen in den untersuchten Outsourcingbeziehungen musste dagegen noch keiner der befragten Provider vornehmen lassen.

Beispielhaft seien hier einige interessante Faktoren mit Einfluss auf die Beziehungsqualitätsdimension *Konflikt* dargestellt, die von den Befragten explizit während der Interviews genannt wurden:

- Servicequalität: Hohes Niveau bedeutet wenig Konflikte (P8).
- Aktive Kommunikation: Bei Problemen werden diese aktiv und so schnell wie möglich an den Kunden gemeldet. So können kaum Konflikte entstehen (P8).
- Laufzeit der Beziehung: Je länger die Beziehung, desto routinierter ist die Zusammenarbeit (P2, P3).
- Erfahrung des Kunden mit Outsourcing: Aufgrund mangelnder Erfahrung hat der Provider seine Prozesse vollkommen unstrukturiert an den Provider gegeben, was zu einer hohen Anzahl von Konflikten führt (P1).
- Die Einführung von ITIL hat die Menge der Konflikte reduziert (P3).

- Art des Outsourcingobjekts: Bei IT-Infrastruktur-Outsourcing gibt es häufiger Konflikte (z. B. bei Ausfall des PCs eines Händlers) als bei zentral erbrachter Applikationsentwicklung (P5).
- Ungeplante Kontrolle: Ein Kunde hat ein externes Unternehmen mit der Überprüfung der Zukunftsfähigkeit seiner Applikationen beauftragt. Als Nebeneffekt wurde die Leistung des Providers ebenfalls überprüft und heftig kritisiert. Das Ergebnis war eine Reihe von Konflikten.
- Enge Integration mit dem Kunden: Die Mitarbeiter des Providers arbeiten immer vor Ort und erhalten oft „auf kleinem Dienstweg" nicht offiziell mit dem Provider abgestimmte Anfragen zur Serviceerbringung (die Mitarbeiter des Providers identifizieren sich teilweise mehr mit dem Kundenunternehmen als dem eigenen Haus und werden von den Mitarbeitern des Kunden teilweise gar nicht mehr als externe Personen wahrgenommen). Diese Anfragen führen zu Konflikten zwischen Provider und Kunde.

Konsens

Als Konsens wird hier das Ausmaß des grundsätzlichen Einvernehmens zwischen den Parteien einer Outsourcingbeziehung verstanden (Mejias et al. 1996).

Sechs Provider (P1, P3, P4, P5, P7, P8) können **Probleme** mit dem Kunden mit hoher oder sehr hoher beidseitiger Kompromissbereitschaft **lösen**. Als Merkmale für diese hohe Kompromissbereitschaft wird die ständige Hinterfragung der Prozesse des Kunden durch den Provider (P3), die beidseitige Bereitschaft beider Parteien („Es ist wie in einer Ehe: beide müssen wollen") (P4) sowie das „entspannte Miteinander" (P8) genannt. P5 unterscheidet die Kompromissbereitschaft in finanzielle und nicht-finanzielle Themen. Bei finanziellen Themen ist die beidseitige Kompromissbereitschaft in der Beziehung nur durchschnittlich.

Alle Provider können nicht über **Streitpunkte** in der untersuchten Beziehung berichten, die seit längerer Zeit vorhanden sind und nicht gelöst werden konnten. Allerdings räumen P3, P6, P7 und P10 ein, dass es in der Vergangenheit schwer lösbare Streitpunkte in der Beziehung gab. Bei P6 konnte die Lösung eines solchen Problems nur durch eine Anpassung des Vertrages im Rahmen der planmäßigen Vertragsverlängerung herbeigeführt werden. Bei P10 haben solche Probleme die Beziehung erheblich belastet. Es handelte sich dabei um „unbequeme Themen“ die „verschleppt worden sind“ und „viel früher hätten gelöst werden sollen“.

Alle Provider sind der Ansicht, dass **Eskalation** überhaupt nicht oder nur in äußerst seltenen Fällen ein geeignetes Steuerungsinstrument ist. Nur in der Beziehung von P7 werden Eskalationen bewusst zur Steuerung eingesetzt. „Eskalation kann eine Form von kundengesteuerter Priorisierung sein, allerdings ist nie ausreichend Personal auf der Seite des Providers vorhanden, um alle Kundenwünsche zu befriedigen“. Ob Eskalation als Steuerungsinstrument vom Kunden genutzt wird, hängt nach Ansicht von P7 von der Organisationsform des Providers ab. Je besser die Prozesse beim Provider strukturiert sind, desto weniger Eskalationen sind von der Seite des Kunden notwendig, um den Provider zu steuern. Je mehr beim Dienstleister improvisiert wird, um so eher kann eine Eskalation als Lösungsmechanismus für Probleme von Kundenseite angewendet werden.

Beispielhaft seien hier einige interessante Faktoren mit Einfluss auf die Beziehungsqualitätsdimension *Konsens* dargestellt, die von den Befragten explizit während der Interviews genannt wurden:

- Proaktives Handeln: Das Hinterfragen aller Kundenanfragen sowie der Kundenprozesse sorgt für eine schnelle Konsensfindung (P3).
- Vertragsverlängerung/-anpassung: Nach der Änderung und Verlängerung des Vertrages konnten unlösbare Probleme angegangen werden, so dass nun schnell ein Konsens gefunden werden konnte (P7).
- Vertragliche Regelungen: Fehlende vertragliche Regelungen führen zu anhaltenden Diskussionen mit einer Abteilung des Kunden, ohne das bisher ein Konsens gefunden werden konnte (P8).

- Vertragliche Regelungen: Ein Fixpreisvertrag erlaubt es nicht, für zusätzliche Forderungen des Kunden ein Entgelt in Rechnung zu stellen (P8).

Kongruenz

Unter Kongruenz wird im Outsourcingkontext das Ausmaß verstanden, in dem Outsourcingpartner gemeinsam „an einem Strang" ziehen und deckungsgleiche Vorgehensweisen haben (Subramani et al. 1999).

Vier der Provider haben einen mit dem Kunden **zusammen erarbeiteten Projektplan** (P2, P3, P6, P10). P3 erstellt diesen einmal pro Jahr für Projekte mit einem Volumen von über 100.000 Euro und evaluiert ihn einmal im Monat.

Vier der Provider haben keinen gemeinsam Projektplan mit ihrem Kunden (P1, P5, P7, P8). P1 gibt an, eine Roadmap zu haben, in der grundlegende Projekte der Outsourcingbeziehung festgelegt sind. P10, der noch eine weitere Outsourcingbeziehung zu einem FDL hat, beklagt, dass ein gemeinsamer Projektplan mit diesem FDL nicht aufgestellt werden kann, da dieser intern „keinen sauberen Planungsprozess hat". Dies ist insbesondere für die termingerechte Bereitstellung von Leistungen problematisch, da der Provider für einige Leistungen auch auf nachgelagerte IT-Dienstleister zurückgreift. Zurzeit arbeitet er aber gemeinsam mit und für den Kunden daran, eine Projektplanung auf Jahresbasis aufzubauen.

Sechs Provider (P2-P6, P10) schätzen ihre Outsourcingbeziehung so ein, dass es zusammen mit dem Kunden ein **gemeinsames Streben nach Win-win** gibt. Allerdings schränkt P3 diese Aussage ein, da „aufgrund der starken Konkurrenz in diesem Marktsegment ein Win-win nicht immer möglich ist. Manchmal muss auch gegen Wettbewerber geboten werden". P5 macht die Win-win-Orientierung an der „gegenseitigen Unterstützung in schwierigen Situationen" fest. Gleiches berichtet P10, der sich mit dem Kunden in einer „lösungsorientierten" Beziehung befindet, in welcher der Kunde den Provider entlastet, wenn dieser in einer „schwierigen Situation" ist.

P1, P7, P8, und P9 können dagegen nicht von einer Win-win-orientierten Beziehung sprechen. P1 sieht sich als reiner Lieferant für den Kunden, der auch keine gemeinsame Win-win-Situation mit seinem Provider anstrebt. P7 erklärt seine Einschätzung über die starke Budgetsteuerung des Kunden, die keine gemeinsame Win-win-Situation zulässt.

Flexibilität

Innerhalb einer Outsourcingbeziehung ist es besonders wichtig, dass der Provider sowohl auf die Änderungswünsche seines Kunden als auch auf grundlegende Änderungen der Umwelt flexibel reagiert (Heide und John 1992).

Sechs der Provider (P1, P2, P3, P5, P8, P10) schätzen ihre **Flexibilität in Bezug auf Änderungswünsche** des Kunden als hoch bis sehr hoch ein. Dabei weist P1 darauf hin, dass diese Flexibilität vom Kunden bezahlt werden müsse („Die Stundenpreise für Dienstleistungen stehen im Vertrag; mit diesen kann der Kunde die Preise für Zusatzleistungen selbst ausrechnen"). P2 weist darauf hin, dass die Flexibilität im eigenen Haus über enge Partnerschaften mit Technologieunternehmen erreicht wird. P3 gibt an, durch „präventive Arbeit die Änderungswünsche des Kunden besonders schnell umzusetzen" („Änderungswünsche des Kunden werden möglichst gestern erledigt"). P5 schränkt seine Aussage ein und weist darauf hin, dass sein Unternehmen bei Standardanfragen des Kunden hoch flexibel ist. P8 gibt zu bedenken, dass die hohe Flexibilität bei der Notwendigkeit der Einbeziehung des Kunden sich verringern kann. P10 fühlt sich grundsätzlich flexibler als die Konkurrenz, da das Unternehmen nur ein „mittelständisches Systemhaus und deutlicher weniger starr als die großen Konkurrenten ist".

P6 schätzt seine Flexibilität nur mittelmäßig ein. Es sind zu wenige Ressourcen für „change the bank" vorhanden, da der Schwerpunkt der Arbeiten sich momentan auf reine Betriebsthemen konzentriert. Der befragte Providermanager von P7 bewertet die Flexibilität als zunächst niedrig, weist aber darauf hin, dass die Flexibilität während der Laufzeit stark zugenommen hat. Dieses zeigt sich beispielsweise daran, dass für den betrachteten Kunden die internen Standardprozesse des Providers umgangen werden, da diese für die Anforderungen des Kunden deutlich zu langsam sind. Stattdessen werden „dynamische Konzepte" genutzt.

Nachsicht

Eine gute Beziehung lebt davon, dass die Partner bei Problemen nicht sofort die Schuldfrage in den Vordergrund stellen, sondern sich im Sinne einer langfristig erfolgreichen Partnerschaft gegenseitige Freiräume einräumen (Marcolin und Ross 2005; Parkhe 1993).

Die eigene **Kompromissbereitschaft** wird von allen Providern in Bezug auf die untersuchte Beziehung als hoch oder sehr hoch eingeschätzt. Nur P5 empfindet sie als durchschnittlich. P1 und P10 betonen, dass ihre Kompromissbereitschaft gegenüber diesem Kunden „unter kaufmännischen Gesichtspunkten zu hoch ist" (P1). Es würden sehr viele Überstunden für den Kunden erbracht, was langfristig zu Problemen führt, da diesem Kunden „erst der kleine Finger gereicht würde und er dann die ganze Hand nimmt". Der Kunde hat das Gefühl, für die vom Provider erbrachte Leistung zu viel zu zahlen. P10 betont, dass er im Rahmen der „Handwerkerehre" sehr kompromissbereit sei. Sollte der Kunde aber Leistungen fordern, die „gegen die technische Überzeugung" des Befragten gehen (z. B. technische Lösungen, die aus Expertensicht nicht sinnvoll sind: „das kommt vor"), verhält er sich im Sinne des Kunden unkooperativ, auch wenn dieser das anders wahrnimmt. Dies ist aktuell bei den sehr Batch-lastigen Applikationen des Kunden passiert: Trotz aller Warnungen des Providers hat der Kunde weitere Batchläufe verlangt, deren Umsetzung zu dem Problem führte, dass die nachts zur Verfügung stehende Zeitspanne für die Durchläufe nicht mehr ausreichte.

Die **Kompromissbereitschaft des Kunden** wird im Vergleich zur eigenen Kompromissbereitschaft meist als geringer (P1, P4, P5, P7, P8, P10) sowie in zwei Fällen als gleich hoch (P3, P6) eingeschätzt. Dabei schätzen fünf Provider die Kompromissbereitschaft ihrer Kunden als niedrig (P1, P2, P5, P8, P10), drei als durchschnittlich bis hoch (P4, P6, P7) und einer sogar als sehr hoch ein (P3). P1 betont, dass der Kunde weder kompromissbereit sein muss, noch dass eine zu große Kompromissbereitschaft durch den Kunden gut für die Beziehung wäre („zu viele Freiräume sind nicht gut für die Beziehung"). P8 hebt hervor, dass „das Providermanagement ständig eine permanente Anspannung vorhalten muss, ansonsten hat es seinen Job nicht richtig gemacht". P9 bekräftigt diese Aussagen: „Der Kunde drückt kein Auge zu. Fehler werden nicht toleriert. Wenn Sie einen Fehler machen, sind Sie gefeuert." Der zu dieser Beziehung ebenfalls befragte CIO ergänzt diese Aussage um seine strategische Sicht: Die Nachsicht hängt auf der obersten Managementebene auch von der Qualität des persönlichen Kontaktes ab. Wenn man sich gut persönlich kennt und der Gegenüber auch ein IT-Verständnis hat, dann gibt es bis zu einem gewissen Grad Nachsichtigkeit. Allerdings wird dieser Vertrauensvorschuss schnell aufgebraucht, wenn mehrfach Fehler auftreten.

Sechs der Provider berichten (P1, P4-P7, P10), dass bei Problemen diese hin und wieder vom Kunden in einem **großen Mailverteiler** kommuniziert werden, in die Personen eingebunden werden, die nicht für die enthaltenen Aufgaben und Probleme zuständig sind („Fingerpointing"). P4 sieht solch ein Verhalten des Kunden als äußerst negativ an. P5 berichtet, dass der Providermanager des Kunden „gezielt nach Fehlern des Providers sucht, um ihm dann mit diesem Fehler schaden zu können". Der Provider erklärt dieses Verhalten dadurch, dass der betroffene Manager persönlich „das Gefühl hatte, dass ihm durch das Outsourcing etwas weggenommen wurde". In der Beziehung von P6 gab es dieses „Fingerpointing" früher ebenfalls häufiger. Inzwischen hat sich die Situation aber deutlich verbessert. Es kommt gelegentlich auf der operativen Ebene zu „Nervenflattern", besonders vor wichtigen Projektmeilensteinen. Dieses wird aber durch die gute Zusammenarbeit auf der Managementebene stark gemildert. P7 berichtet auch von großen Mailverteilern, an die die operativen Mitarbeiter des Kunden Probleme versenden, um sich selbst „den Rücken freizuhalten". Er betont dabei jedoch, dass dieses Phänomen auf den oberen Ebenen deutlich seltener vorkommt.

In der Beziehung von P3 und P8 erfolgt keine Kommunikation über große Mailverteiler. P8 erklärt dies dadurch, dass der Provider Probleme und Fehler grundsätzlich schnell und proaktiv kommuniziert. Außerdem wird die eigene Leistung als so hoch eingeschätzt, dass „es gar keine Verfehlungen gibt, die kommuniziert werden müssten".

Teilweise berichten die Provider (P6, P7), dass der Kunde die mit der Pönale verbundene Zahlung nicht immer einfordert, um z. B. verbesserte (oder auch Mehr-)Leistungen vom Provider zu erhalten. Die Nichteinforderung von Pönalen wird von P1 abgelehnt. Er wünscht sich von seinem Kunden, dass dieser bei Schlechtleistungen die Pönale vom Provider einfordert. Dies wird damit erklärt, dass die Pönale auch für den Provider ein Kontrollmechanismus ist, der auf Probleme im Haus hinweist, die dann anschließend adressiert werden können. Das Erlassen einer Pönale führt dazu, dass die Probleme im Haus des Providers nicht angegangen werden und der Kunde außerdem Ersatzleistungen fordern könnte, die den Provider später mehr kosten würden als die Zahlung der Pönale.

Beispielhaft seien hier einige interessante Faktoren mit Einfluss auf die Beziehungsqualitätsdimension *Nachsicht* dargestellt, die von den Befragten explizit während der Interviews genannt wurden:

- Vertragliche Regelungen: Nach Verlängerung und Detaillierung des Vertrages zeigt der Kunde im Hinblick auf ernste Probleme weniger Nachsicht (P3).
- Strategische Bedeutung der Beziehung: Die hohe strategische Bedeutung, die die Beziehung für beide Parteien hat, führt zu einer hohen wechselseitigen Nachsicht (P8).
- Flexible Interpretation der vertraglichen Regelung (Nicht-Nutzung eines vertraglich festgelegten Pönalsystem) führt zu gegenseitiger Nachsicht (P4).
- Regelmäßiges Treffen auf strategischer Ebene fördert die „Gemeinsamkeit" beider Häuser und erhöht die wechselseitige Nachsicht (P7).

Zusammenfassung der Antworten der Provider zu den Beziehungsqualitätsdimensionen

In Tabelle 4 werden die Ausprägungen der Beziehungsqualitätsdimensionen der befragten Provider dargestellt.

	P 1	P 2	P 3	P 4	P 5	P 6	P 7	P 8	P 9	P 10
Vertrauen	mittel	niedrig	hoch	hoch	mittel	mittel	niedrig	hoch	mittel	mittel
Kommunikationsqualität	niedrig	mittel	hoch	mittel	mittel	hoch	mittel	hoch		niedrig
Gegenseitiges fachliches Verständnis	mittel	mittel	mittel	hoch	mittel	hoch	mittel	niedrig	hoch	mittel
Einflussmöglichkeit	mittel	mittel	hoch	niedrig	mittel	hoch	hoch	mittel	hoch	mittel
Commitment	hoch	hoch	hoch	hoch	mittel	hoch	hoch	hoch		hoch
Konflikt	niedrig	mittel	hoch	hoch	mittel	mittel	niedrig	hoch	mittel	niedrig
Konsens	hoch	mittel	hoch	hoch	hoch	mittel	mittel	hoch		mittel
Kongruenz	mittel	hoch	hoch	hoch	mittel	hoch	niedrig	niedrig	niedrig	hoch
Flexibilität	hoch	hoch	hoch		hoch	mittel	mittel	hoch		hoch
Nachsicht	mittel	mittel	hoch	hoch	niedrig	hoch	mittel	mittel	mittel	mittel

Tabelle 4. Übersicht über die Ausprägung der Beziehungsqualitätsdimensionen der Provider

4.2.2 Einflussfaktoren auf die Beziehungsqualität

Eine detaillierte Beschreibung der im Folgenden untersuchten Einflussfaktoren findet sich in Kapitel 2.2.

Interaktionsstruktur

Die Interaktionsstruktur innerhalb einer Outsourcingbeziehung dient als Basis zum Austausch von Informationen und schafft die Grundlage für Kommunikation zwischen den Unternehmen.

Alle Provider haben festgelegte **Kontaktstrukturen**, über die ihre Kunden den Provider ansprechen können. Die Provider unterscheiden sich in ihrem Auftreten gegenüber dem Kunden über die Anzahl der Ansprechpartner. Einige Provider verfolgen in den untersuchten Outsourcingbeziehungen den „one face to the customer"-Ansatz (P2, P8, P9), in dem eine einzelne Person als Ansprechpartner für den Kunden fungiert. Andere wiederum setzen auf eine Struktur, in der für verschiedene Hierarchien und Aufgaben unterschiedliche Personen als Ansprechpartner zur Verfügung stehen (P1, P3, P5, P6, P7, P10). Dabei sind die Kontaktstrukturen von den Providern detailliert über verschiedene Regelungen festgelegt (z. B. gegenüberstehende Pyramiden, in denen die Ansprechpartner nach Hierarchie dargestellt werden). Die Kommunikationsstrukturen werden nach Bedarf an den jeweiligen Kunden angepasst, indem beispielsweise bei kleineren Kunden mit weniger relevanten Hierarchieebenen auch auf der Providerseite einzelne Ebenen der Kommunikationsstruktur nicht besetzt werden (P3).

Alle Provider wünschen nicht, dass der Kunde **Kontakt „am Account vorbei"** im Hause des Providers aufnimmt, die nicht in den Kontaktstrukturen definiert sind. Im gleichen Zug melden aber ebenfalls alle Provider, dass dieser Zugriff auf nachgelagerte Personen beim Provider (z. B. Spezialisten zu Fachthemen) im Tagesgeschäft immer wieder vorkommt. Eine Ausnahme bildet hier Provider P2, in dessen Beziehung der Kunde „keinen Wert auf den Zugriff auf nachgelagerte Spezialisten legt, da es ihm egal ist, von wem sein Problem im Hause des Providers gelöst wird". P3 berichtet, dass der Kontakt zu nachgelagerten Spezialisten im Hause des Providers hauptsächlich aufgrund des vorangegangenen Betriebsüberganges erfolgt. Die Mitarbeiter des Kunden kennen ihre ehemaligen Kollegen von früher und wissen um deren Aufgaben beim Provider. P8 beklagt sich über eine „starke Vereinnahmung" seiner Mitarbeiter durch den Kunden (vor allem wegen der physischen Präsenz seines Teams beim Kunden), obwohl der Kunde offiziell den Dienstweg über die Schnittstellenperson beim Provider nehmen soll. Inzwischen sind aber die Mitarbeiter des Providers „so gut getrimmt", dass sie bei einer „Vereinnahmung" durch den Kunden die an sie herangetragenen Aufgaben sofort an die eigentlich dafür zuständige Schnittstellenperson melden. Dadurch werden „Wildwuchs" und das unkontrollierbare Anwachsen der Aufgaben verhindert.

Umgekehrt nutzt ein Provider den Zugriff auf nachgelagerte Personen *im Hause des Kunden* für seine eigenen Zwecke, indem er durch diese inoffizielle Kommunikation hilfreiche Informationen über den Kunden erhält. Ähnlich argumentiert auch der befragte CIO eines anderen Providers, der sogar noch einen Schritt weiter denkt. Hier möchte der Provider auch seinerseits aktiv das Providermanagement des Kunden umgehen, um direkt mit den nachgelagerten Fachabteilungen Kontakt aufzunehmen. „Wir haben ein großes Interesse an dem Kontakt mit der Fachabteilung des Kunden, da sich diese unprofessioneller als das Providermanagement verhalten. Ein gutes Providermanagement dürfte diesen direkten Zugang allerdings nicht zulassen".

Alle Provider haben **Strukturen zum Wissensaustausch** mit ihren Kunden implementiert. Allerdings sind die eingesetzten Maßnahmen und deren Intensität äußerst unterschiedlich. P1 führt zweimal im Jahr Workshops für Mitarbeiter beider Parteien durch, in denen technische Themen besprochen werden. Neue Mitarbeiter von P2 und P10 erhalten in einem Kick-off-Meeting Informationen zum Kunden und werden „durch alle Abteilungen des Kunden geschleust" (P2). P3 informiert den Kunden regelmäßig in Workshops über seine neuesten technischen Entwicklungen und tritt auf Messen gemeinsam mit dem Kunden als Aussteller auf. P5, P9 und P10 besuchen gemeinsam mit ihren Ansprechpartnern Fachkonferenzen. P8 bietet dem Kunden Mitarbeiterschulungen an, der dieses Angebot aber eher selten annimmt. P9 hat zusammen mit seinem Kunden eine Datenbank aufgebaut, in dem alle relevanten Informationen zu der Beziehung hinterlegt sind. P8 praktiziert (in begrenztem Maße) zusammen mit seinem Kunden Job-Rotation, wodurch die Mitarbeiter die Abläufe der jeweils anderen Seite kennen lernen. P2 hatte zusätzlich vor, in einem vierteljährlichen Forum ein Treffen zwischen Mitarbeitern der Kunden sowie des eigenen Hauses zu institutionalisieren. Allerdings wurde dieses von seinem Kunden abgelehnt, da er Angst hatte, den Betrieb während dieser Zeit nicht adäquat aufrecht erhalten zu können.

Bei den hier befragten Unternehmen fällt auf, dass die meisten Provider (P1, P2, P3, P8, P10) nur Strukturen zum technischen Wissensaustausch von den Providern hin zum Kunden installiert haben. Eine wechselseitige Schulung, in der die Providermitarbeiter bankfachliches Wissen näher gebracht bekommen, findet nur (sehr eingeschränkt) bei drei der befragten Providern statt (P5, P6, P9). Bei diesen Strukturen zum Wissensaustausch liegt der Schwerpunkt wiederum bei nicht-periodisch wiederkehrenden Aktivitäten auf der strategischen Ebene. P5 und P9 haben auf Providermanager-Ebene gemeinsam Fachkonferenzen besucht. P9 hat zusätzlich die erwähnte Datenbank im Einsatz, die von allen Ebenen genutzt werden kann und hat ebenfalls gemeinsam mit dem Kunden Workshops durchgeführt. Nur P6 fokussiert seine Strukturen zum Wissensaustausch explizit auf die operative Ebene, indem er Job-Rotation nutzt. Die Mitarbeiter des Providers können eine begrenzte Zeit im Prozess des Kunden arbeiten sowie die Kundenmitarbeiter im Serviceprozess des Providers.

P2, P3, P4, P5, P6 und P9 haben gemeinsam mit ihrem Kunden eine **Prozessdokumentation** erarbeitet. P2 hat auf dieser Basis Optimierungspotenziale erkannt und diese Prozesse zusammen mit dem Kunden restrukturiert. In einer anderen Beziehung werden sowohl vom Kunden als auch vom Provider jeweils getrennt die Prozesse dokumentiert. Beide Dokumentationen werden aber abgestimmt. P10 kann auf die vom Kunden erstellte und gepflegte Prozessdokumentation zugreifen und bewertet die Qualität der Dokumentation als sehr hoch. P1 hat lediglich die Schnittstellen zum Kunden dokumentiert. Der Kunde von P10 erstellt mittels ARIS eine Prozessdokumentation, lässt aber seinen Provider nicht auf diese Unterlagen zugreifen. P10 hat daher mit dem Kunden diskutiert, ob beide zusammen eine Prozessdokumentation erstellen könnten. Das Projekt kam nicht zustande, da die Finanzierung nicht geklärt werden konnte. Die vorhandenen Prozessdokumentationen sind (außer bei P10) für alle Mitarbeiter auf beiden Seiten verfügbar.

Nur einer der Provider (P4) verfügt gemeinsam mit seinem Kunden über **gemischte Arbeitsgruppen**, in der Mitarbeiter des Providers und des Kunden gemeinsam an einem Prozess arbeiten. Sieben der Provider (P2, P3, P5, P6, P7, P8, P9) haben Mitarbeiter vor Ort, die ihre Leistung in direkter Nähe zu den Mitarbeitern des Providers erbringen.

P1 hebt dagegen hervor, dass er sehr zufrieden darüber ist, dass keiner seiner operativen Mitarbeiter vor Ort beim Kunden sitzt (alle Leistungen werden zentral erbracht). Innerhalb einer Outsourcingbeziehung soll seiner Ansicht nach die geographische Nähe zu Beginn hoch sein, dann aber unbedingt abnehmen. Eine zu große Nähe führt zu einem hohen Maß an „Kreuz-und-quer-Kommunikation", die durch eine größere Distanz verhindert wird (vgl. Kommunikationsqualität).

Alle Provider haben eine festgelegte Struktur zum **Umgang mit Konflikten**. Im Wesentlichen erfolgt die Eskalation entlang der Hierarchiestufen. Die Mitarbeiter haben einen bestimmten (auch finanziellen) Rahmen, in dem sie entscheiden dürfen (P6). Sobald dieser Rahmen überschritten wird, kümmert sich die nächsthöhere Ebene um das Problem. P7 betont, dass die Struktur zum Umgang mit Konflikten zwar „schriftlich niedergelegt ist, in der Praxis aber Probleme einfach nach Notwendigkeit und Kritikalität gehandhabt werden". P9 hat zusätzlich zu den Strukturen zum Umgang mit Konflikten im Anschluss an deren Lösung ein „Lessons Learned"-Meeting etabliert. P1, P2, P3, P6, P7, P8, P9 haben eine eigene **Rolle für das Konfliktmanagement** definiert. Nur P4 hat dafür keine fest definierte Rolle.

Einige Provider haben Teile ihres Personals explizit in **Deeskalation geschult**. P3, P6, P7, P8 und P9 schulen dabei nur die Führungskräfte, während bei P2 jeder Mitarbeiter im Rahmen einer jährlichen Schulung eine Deeskalationstrainingseinheit erhält. Ein Mitarbeiter bei P5 ist auf Mediation[2] geschult.

Interaktionsintensität

Die Interaktionsintensität beschreibt die Häufigkeit, mit der zwischen den Partnern kommuniziert wird (Martin Jr. 1979).

Alle befragten Provider haben feste Zyklen, innerhalb derer sie sich mit ihren Kunden zu **Sitzungen** treffen. Dabei sind je nach Dienstleister nicht für jede Hierarchieebene gleichermaßen solche Treffen festgelegt.

Auf der operativen Ebene finden bei P2, P4, P5, P6 und P10 wöchentliche Treffen statt, bei P3, P7 und P9 eine zweiwöchentliche Versammlung sowie bei P1 „auf regelmäßiger Basis". Die taktischen Sitzungen finden innerhalb eines zweiwöchentlichen (P4, P7, P9) oder vierwöchentlichen (P2, P5, P8,

[2] Mediation ist ein strukturiertes Verfahren zur konstruktiven Beilegung oder Vermeidung eines Konfliktes.

P10) Turnus statt. Treffen auf der strategischen Ebene finden vierwöchentlich (P5, P9), sechs- bis achtwöchentlich (P6), einmal im Quartal (P8) oder halbjährlich statt (P3, P10). Der Befragte von P3 trifft sich, neben den zwei vereinbarten Meetings im Jahr, mit seinem definierten Ansprechpartner (dem CIO des Kunden) etwa alle vier Wochen inoffiziell. Während dieser Treffen werden neben den strategischen Themen auch kritische Punkte angesprochen. P4 hat neben den Treffen auf den jeweils definierten Ebenen eine „Kontinuierlicher-Verbesserungsprozess-Sitzung" eingeführt, in der alle hierarchischen Ebenen, die ansonsten getrennt tagen, monatlich zusammen kommen.

In allen Beziehungen werden die **Sitzungen sowie deren Ergebnisse protokolliert**. Dabei lassen nur wenige Provider die Protokollierung auf der strategischen Ebene aus. P3 verzichtet nur bei den inoffiziellen strategischen Treffen auf Protokolle, P8 protokolliert nur bei den strategischen Meetings vertrags- oder projektrechtliche Fragen. P5 hebt hervor, dass „Protokolle eine wichtige Sache sind, die oft unterschätzt wird". Die Erstellung der Protokolle wird bei vier der untersuchten Beziehungen vom Provider durchgeführt (P4, P5, P8, P10), sowie in zwei Fällen vom Kunden (P2, P9). P5 und P8 betonen, wie wichtig es ihnen ist, dass sie die Protokolle erstellen. P5 erläutert dies mit dem Service für den Kunden und mit dem Vorteil, bei der Erstformulierung seine Sicht der Dinge schriftlich niederlegen zu können. Dem Kunden wird natürlich die Möglichkeit eingeräumt, Formulierungen in den Protokollen zu ändern.

Die Einberufung von **außerplanmäßigen Treffen** ist in den Beziehungen von P2, P7, P8, P9 und P10 einfach möglich. Dieses passiert z. B. bei Problemen und Eskalationen (P6, P9, P10) sowie „VIP-Changes", bei denen für die Geschäftsführung kurzfristige Änderungen vorgenommen werden müssen (P2).

Der Anteil der **informellen Kommunikation** an der Gesamtkommunikation in den Outsourcingbeziehungen der Provider ist unterschiedlich hoch. P3, P4 und P8 schätzen den Anteil als hoch oder sehr hoch ein. P2, P5 und P7 beziffern den Anteil der informellen Kommunikation auf 20-30%, P6 auf 40% und P10 auf 50%. Nahezu alle Provider beurteilen die informelle Kommunikation als äußerst wichtig („Informelle Kommunikation ist die Essenz einer guten Beziehung und unglaublich wichtig" (P3)). Dieses zeigt sich auch daran, dass die Provider viel Energie aufwenden, um die informelle Kommunikation zu verstärken. P1 versucht „möglichst nahe beim Kunden zu sein" und ein anderer Provider hat jüngst ein Projektbüro beim Kunden eingerichtet („obwohl dies nicht einfach war"), um die informelle Kommunikation zu verbessern. Ziel ist es, „möglichst schon Lösungen in der Tasche zu haben, bevor der Kunde eine offizielle Anfrage zu einem Problem an den Provider richtet" (P7). Der befragte CIO von P10 hebt hervor, dass der Anteil der informellen Kommunikation vor allem von der Dauer einer Outsourcingbeziehung abhängt. Seiner Erfahrung nach nimmt der Anteil der informellen Kommunikation bei zunehmender Dauer der Outsourcingbeziehung zu. „Je höher der Anteil der informellen Kommunikation, umso eher hat man die Beziehung unter Kontrolle und kann dem Kunden jeden Wunsch von den Augen ablesen." Der Befragte betont allerdings, dass die Mitarbeiter des eigenen Hauses in dieser Situation eine „Stallorder" benötigen, damit keine Informationen „unkontrolliert vom Provider zum Kunden diffundieren". Allerdings berichtet P9 auch von persönlichen Eigenarten seines Ansprechpartners auf der Kundenseite. Der Ansprechpartner (CIO) ist „wählerisch, mit wem er auf der informellen Ebene spricht. Er redet nicht mit denen, die ihm nicht gefallen und denen er keine Kompetenz zutraut".

Über informelle Kanäle stimmen sich alle Provider vor wichtigen Meetings ab, um z. B. die Agenda und die Folien zu besprechen oder auch um „Zugeständnisse glattzuziehen" (P10).

Alle Provider bis auf P9 fördern die persönlichen Beziehungen aktiv durch **außerbetriebliche Veranstaltungen**. Dabei werden immer alle Hierarchieebenen eingebunden. P1 geht mit den Mitarbeitern des Kunden Kart fahren, P2, P3 und P4 veranstalten Treffen auf der Geschäftsführungsebene sowie zweimal jährlich ein Come-together auf der operativen Ebene („das hat schon manche kritische persönliche Spannung gelockert" (P2)). P3 vermeldet sogar „gemeinsame Urlaube und Familientreffen zwischen den Mitarbeitern des Kunden und des Providers" (es bestehen durch den Betriebsübergang enge Bindungen), gemeinsame Besuche der DTM (P3), Besuche des Oktoberfestes (P4), gemeinsames Joggen auf taktischer Ebene (P4), gemeinsame Besuche der Kantine (da beide Mitarbeitergruppen im gleichen Haus sitzen) (P8, P10) sowie Weihnachtsessen und gemeinsame Fußballspiele (P7).

Interessant ist in diesem Zusammenhang die Position von P9. Er lehnt jegliche Förderung von außerbetrieblichen Veranstaltungen ab. „Gemeinsame Freizeitaktivitäten stehen im Widerspruch zur gemeinsamen Arbeit.“ „Private Beziehungen (außer vielleicht auf CIO-Ebene) sollten nicht stattfinden. Das ist kein professionelles Arbeiten.“ Die Mitarbeiter des Providers sowie des Kunden würden eine Einladung außerhalb des beruflichen Rahmens jederzeit ablehnen. Die Mitarbeiter beider Seiten „sind an dieser Stelle professionell“.

Zwar schätzen die Provider die informelle Kommunikation als wichtiges Instrument in einer Outsourcingbeziehung ein, machen aber gleichzeitig deutlich, dass wichtige Entscheidungen immer in den formalen Sitzungen getroffen werden (P1, P4, P6). P1 betont, dass in einem Fall von überwiegender informeller Kommunikation ohne schriftliche Fixierung von wichtigen Beschlüssen „dringender Handlungsbedarf besteht, denn Outsourcingbeziehungen sind wesentlich formaler als unternehmensinterne Beziehungen zwischen Abteilungen“.

Sieben Provider (P1-P4, P6-P8) berichten auch von **persönlichen Kontakten** zwischen den Mitarbeitern des Kunden und des Providers. Allerdings sind diese bei P1 nur vereinzelt vorhanden und bei P2 und P4 „im Rahmen der informellen Kommunikation“. Bei P8 kam der Kontakt über den Mitarbeiterübergang zustande, allerdings hat diese Person das Team des Providers inzwischen verlassen. Nur P3 berichtet von „tiefen Freundschaften“ zwischen den Mitarbeitern des Providers und des Kunden. Dies lässt sich sicher ebenfalls durch den Mitarbeiterübergang am Anfang der Outsourcingbeziehung erklären.

Vertragsgestaltung

Im Outsourcingvertrag werden die künftig zu erbringenden Leistungen des Providers sowie die Verpflichtungen des Kunden und alle weiteren relevanten Faktoren festgelegt.

Alle befragten Provider haben in den Verträgen Ihrer Outsourcingbeziehungen **SLAs** definiert. Fünf Provider (P1, P2, P3, P5, P10) sind mit den definierten SLAs zufrieden. Nur P9 kann diese Frage nicht beantworten, da „die SLAs vom Kunden vorgegeben werden, der diese (hoffentlich) auf seinem Business-

Case aufgebaut hat". P1 hebt hervor, dass ein externes Unternehmen seine SLAs untersucht hat und diese als sehr detailliert und besser als die der Konkurrenz bewertet hat. P5 betont, dass sowohl auf Kunden- als auch auf Providerseite ein dedizierter Vertragsmanager vorhanden ist. Daneben sind in den SLAs unterschiedliche zeitliche Relevanzen berücksichtigt. Fällt beispielsweise ein Server tagsüber während der Handelsphase aus, sind die vereinbarten Wiederherstellungszeiten deutlich kürzer, als wenn dies nachts geschieht. P6 und P10 sehen den Vertrag zwar als wichtige Grundlage an, aber „das Leben des Vertrages ist sehr stark von den agierenden Personen abhängig". P10 empfindet ein „Erwartungsmanagement" in Bezug auf den Vertrag als sehr wichtig. Die im Vertrag festgelegten Größen sollten im Kundenunternehmen auf allen Ebenen kommuniziert werden, damit sich keine Erwartungshaltung in den Köpfen der Mitarbeiter des Kunden durchsetzt, die beispielsweise eine viel schnellere Reaktionszeit vom Provider erwartet, als in den SLAs definiert ist.

Alle Provider außer P3 haben ein **Malussystem mit Pönalen** in ihren Verträgen definiert. P3 hat bei der letzten Vertragsverlängerung auf die Definition von Pönalen verzichtet, da die Partnerschaft mit dem Kunden auf einer Win-win-Situation basiert, in der „Gewinne zwischen den Parteien geteilt werden und die enge Vertrauensbeziehung zwischen Provider und Kunden Pönalen nicht mehr notwendig macht". In der Beziehung von P9 sind zwar Pönalen definiert, diese mussten aber in der inzwischen 13 Jahre laufenden Beziehung nie greifen, da „in der ganzen Zeit der Provider die SLAs immer nicht nur erfüllt sondern sogar übererfüllt hat". Eine ähnliche Erfahrung hat auch P10 gemacht, der in Absprache mit seinem Kunden in der laufenden Beziehung Teile der Pönalen „über Bord geworfen hat", um sich auf einzelne Projektbestandteile zu konzentrieren. Für P7 sind Pönalen ein bewusst von ihm gefordertes Mittel, mit dem der Kunde die Möglichkeit bekommen soll, eine gute Servicequalität vom Provider zu erzwingen.

P1, P8 und P9 haben **Haftungsklauseln** in Ihren Verträgen definiert. Dabei unterschieden P1 und P9 in diesen Haftungsklauseln detailliert zwischen verschiedenen Formen der Haftung (Vorsatz, leichte und grobe Fahrlässigkeit). Bei P1 ist das Haftungsvolumen an das Vertragsvolumen gebunden.

In den Verträgen von P1, P2, P3, P7, P9 und P10 sind Klauseln zum **Benchmarking** der Leistungen und der Preise des Dienstleisters vorgesehen. P8 hat dieses nicht vertraglich festgelegt. Er ist aber sicher, dass sich sein Kunde trotzdem „ein Benchmarking nicht streitig machen lassen wird“. P2 ist vertraglich gehalten, die günstigsten Preise des Benchmarkingergebnisses zu übernehmen, „andernfalls kann der Provider kündigen“. P1 betont, dass Preisbenchmarks wichtig sind, damit der Kunde merkt, „dass der Provider ein gutes Angebot gemacht hat und den Kunden nicht über den Tisch ziehen will“. Zusätzlich dazu haben P1, P2, P3 und P8 Klauseln in den Verträgen, die den Kunden an dem üblichen **Preisverfall von Hardware** partizipieren lassen. In den Verträgen von P5, P7 und P10 gibt es solche Klauseln nicht.

Die **Preismodelle** der Provider teilen sich in zwei Bereiche auf: P1, P2, P4, P9 und P10 berechnen die Leistungen variabel, während P5 und P8 eine Mischung aus Fixpreis mit einem kleineren variablen Anteil kalkulieren.

P1, P2, P3, P4, P5 und P10 haben für die untersuchten Outsourcingbeziehungen jeweils einen **Individualvertrag** ausgehandelt. Keiner der Provider gibt an, einen **Standardvertrag** zu nutzen. P8 hat seinen Vertrag mehrfach bei den regulären Vertragsverlängerungen ergänzt. Die Erweiterungen wurden in einem gesonderten Dokument niedergelegt. Der Befragte ist sich daher sehr sicher, dass der vorliegende Vertrag heute „in dieser Form nicht mehr durchgehen würde“. Die **Vertragsumfänge** werden von P2 mit 500 Seiten sowie von P10 mit 2.000 Seiten beziffert.

Beispielhaft seien hier einige interessante Faktoren der Vertragsgestaltung mit Einfluss auf die Dimensionen der Beziehungsqualität dargestellt, die von den Befragten explizit während der Interviews genannt wurden:

- Preisbenchmarks können Vertrauen bilden (der Kunde merkt, „dass der Provider ein gutes Angebot gemacht hat und den Kunden nicht über den Tisch ziehen will“).
- Die Kommunikation der relevanten Vertragsbestandteile an die betroffenen Mitarbeiter und Anwender beim Kunden beugt der Entwicklung falscher Erwartungen vor (z. B. bei Reaktionszeiten zur Störungsbesei-

tigung), die die Beziehungsqualität belasten könnten (vgl. „Erwartungsmanagement").

Kontrollmechanismen

Die Kontrolle der vom Provider erbrachten IT-Dienstleistungen hat für die Finanzdienstleister eine hohe Bedeutung zur Aufrechterhaltung ihrer Aufgaben und kann sowohl über die Kontrolle der Reports des Providers als auch über die Nutzung eines eigenen Messsystems erfolgen.

Alle Provider erstellen für ihre Kunden **Berichte über erbrachte IT-Dienstleistungen**. P1 ist der Ansicht, dass sein Kunde aufgrund seines mangelnden technischen Verständnisses diese Protokolle „kaum nutzen kann". P9 berichtet von dem Wunsch des Kunden, „eine unglaubliche Vielzahl an Metriken" zu erhalten. P5 schildert, dass seine Berichte vereinzelt von den Kundenmitarbeitern, die „durch das Outsourcing das Gefühl haben, etwas weggenommen bekommen zu haben", missbraucht wurden: Einzelne Personen haben die Protokolle angezweifelt und dadurch immer wieder versucht, dem Provider Fehler nachzuweisen. Die Einführung eines eigenen Messsystems durch den Kunden hat das problematische Verhalten dieser Personen stark reduziert. Auch ein anderer Provider berichtet über Bedenken seines Kunden an der Richtigkeit der erstellten Berichte. Zu Anfang der Beziehung hat der Kunde ihm vorgeworfen, Ausfälle in den Berichten unterschlagen zu haben. Der Provider hatte zu diesem Zeitpunkt nur Ausfälle aufgelistet, für die er verantwortlich war. Probleme, die durch den Kunden selbst verursacht worden sind, waren nicht Teil der Berichterstattung. Nach der Beschwerde des Kunden hat der Provider die Berichte um eine Aufstellung aller Ausfälle ergänzt. Trotz dieser Ausweitung der Berichte kommt es aufgrund von Abweichungen „immer wieder mal zu Diskussionen". Neben einer regelmäßigen Leistungsübersicht in Form von Berichten gewähren P7 und P10 ihren Kunden über „Customer-Service-Portale" Einblick in den aktuellen Stand der Leistungserbringung (Live-Reporting).

Zusätzlich zu den vom Provider abgefragten Berichten haben vier Kunden ein eigenes **Messsystem** installiert. In der Beziehung von P3 hat der Kunde zu Anfang die bezogene Leistung noch selbst gemessen, im Laufe der Zeit sind diese Messungen dann aber stark reduziert worden. P5 ist der Ansicht, dass sein Kunde auch ohne „teures Messen mit einem eigenen System" eine hohe Kontrolle der vom Provider bereitgestellten IT-Dienstleistung erreichen kann, indem er die vorhandenen Reports vom Provider sorgfältig überprüft. Insbesondere sollte dabei auch die **wahrgenommene Qualität** im Vergleich zur objektiv messbaren Qualität auf Seiten des Kunden erhoben werden. P2, P3, P7, P8 und P10 betonen hier gleichermaßen die Wichtigkeit der Unterscheidung von wahrgenommener und messbarer Qualität. Die Kunden von P2, P3, P7, P8 und P10 messen regelmäßig mittels Kundenzufriedenheitsumfragen die subjektiv empfundene Qualität der fremdbezogenen IT-Dienstleistungen und teilen diese ihren Providern mit. Subjektive Unzufriedenheit bei gleichzeitig objektiv korrekt erbrachter Leistung wird über eine von den SLAs abweichende Erwartungshaltung der Mitarbeiter (P3) oder über fehlende SLAs (P10) erklärt. Daneben erklärt P10 die Abweichung von objektiv messbarer Leistung zu subjektiv wahrgenommener Qualität damit, dass der Kunde das Providerteam vor Ort anders bewertet als das Gesamtunternehmen. In den Kundenzufriedenheitsumfragen schneidet das Providerteam vor Ort überdurchschnittlich ab. Allerdings verzerrt das schlechte Image des Providerunternehmens die Gesamtbewertung erheblich. P2 schneidet bei den Kundenzufriedenheitsumfragen meist überdurchschnittlich ab und nutzt diese Bewertung, um sich bei den Mitarbeitern des Kunden zu profilieren.

Neben einem Messsystem zur Erfassung der IT-Dienstleistung des Providers besteht ein weiterer Kontrollaspekt in der Durchführung von regelmäßigen Benchmarks (siehe Abschnitt zur Vertragsgestaltung).

Neben der technischen Kontrolle können die Kunden ebenfalls die **Qualifikation der Providermitarbeiter** überwachen. Zwar schult die Mehrheit der befragten Provider ihre Mitarbeiter (P1, P2, P3, P5, P6, P8), aber nur P2, P5 und P6 weisen diese Schulungen gegenüber ihren Kunden auch nach. P1 und P8 betonen, dass der Kunde dies bisher „nicht explizit verlangt hat". P9 hebt hervor, dass „Innovationsmanagement, in dessen Rahmen die Mitarbeiter fortgebildet werden, vertraglich nicht vereinbart worden ist".

Beispielhaft sei hier ein interessanter Kontrollmechanismus mit Einfluss auf die Dimensionen der Beziehungsqualität dargestellt, der von den Befragten explizit während der Interviews genannt wurde:

- Eigene Messsysteme auf Kundenseite können ein anfängliches Misstrauen über die Leistungsfähigkeit des Providers abbauen und schließlich Vertrauen in die Beziehung schaffen (P3). Eine langfristig detaillierte Überwachung seitens des Kunden wirkt sich jedoch wiederum hinderlich für eine gute Beziehungsqualität aus.

Kontextvariablen

Die Kontextvariablen erfassen diejenigen Eigenschaften innerhalb sowie zwischen beiden Unternehmen, die nicht direkt und unmittelbar von den Unternehmen beeinflussbar sind aber dennoch einen Einfluss auf die Beziehungsqualität haben.

Die **Outsourcingerfahrung** aller Befragten ist sowohl auf der persönlichen Ebene als auch auf der organisationalen Ebene hoch. Einerseits weisen alle Befragten langjährige Erfahrungen im Management von Outsourcingbeziehungen auf, andererseits sind alle Provider erfahrene Outsourcingdienstleister.

Bis auf einen Provider (P5) sind alle Befragten der Ansicht, dass die untersuchten Beziehungen eine **hohe relative Bedeutung** für den Provider haben. Dies begründen P2, P3, P6, P7, P8 und P10 über den besonderen Status, den der Kunde als Referenzkunde im Portfolio des Providers einnimmt. Die Betreuung des Kunden von P7 hat eine „Strahlwirkung“ im deutschen Finanzdienstleistungssektor, da nahezu jedes Unternehmen in diesem Bereich die Dienste des Kunden von P7 nutzt. Für P10 ist der Kunde einer der wenigen Mainframekunden in Deutschland, der daher eine besondere Bedeutung für den Provider hat. Für P1 und P2 spielt der hohe Umsatz, der mit diesem Kunden vergleichsweise generiert wird, eine entscheidende Rolle. Um diese Stellung des Kunden im Unternehmen zu bekräftigen, hat P2 seinem Kunden einen Platz in einem Beirat angeboten. Im Gegensatz dazu kann auch ein relativ geringer Umsatz am Gesamtportfolio des Providers die Bewertung der hohen relativen Bedeutung nicht beeinflussen, wenn der Kunde andere strategische Vorteile wie Zugang zu einem bestimmten Marktsegment oder Darstellung der Kundenbeziehung als Referenzkunde bietet (P3). Für P10 ist der Kunde zwar von hoher Bedeutung, allerdings sorgt dessen organisatorische Aufstellung im selben Konzernverbund für einen „anderen Geschmack“: Aus Sicht des befragten CIO ist von der Konzernleitung gewünscht, dass der Provider diesen Kunden unabhängig von seiner wirtschaftlichen oder strategischen Bedeutung für den Provider als besonders wichtig einschätzt und entsprechend behandelt. Dieser Kunde soll durch ein Unternehmen im Konzernverbund bedient werden, „um Cash-outs aus dem Konzern zu vermeiden“.

Aus Sicht des Befragten von P5 hat sein Unternehmen die relative Bedeutung des Kunden unterschätzt. Dieser Kunde war zu Beginn der Beziehung der größte zentraleuropäische Kunde im Bereich Financial Services und hätte daher stärker als „strategischer Account“ behandelt werden müssen.

Die **Komplexität der erbrachten Leistung** wird von den P2 und P3 als gering und „gut kontrollierbar, weil sehr technisch“ bezeichnet. P8 schätzt die Komplexität der Leistung als wesentlicher höher ein, da diese aus Hardware, Software und operativen Leistungen besteht. Die Zeitspanne, bis ein neuer Account-Manager die Kundenbeziehung eigenständig führen kann, wird von P3 mit 4-8 Wochen, P1, P5 und P8 mit 6 Monaten, P2 mit mindestens 7 Monaten und P7 mit mindestens einen Jahr eingeschätzt. Die **Spezifität** der erbrachten Leistung wird von den meisten Providern als eher gering eingeschätzt. Dieses zeigt sich u. a. dadurch, dass alle außer P4 und P8 den Konkurrenzdruck als hoch bis sehr hoch einschätzen, da die eigenen IT-Dienstleistungen auch von vielen anderen Konkurrenten erbracht werden können. P2 ist der Ansicht, dass der Provider mit seiner Dienstleistung durch die „teilweise vorhandene Involvierung in das Design der Geschäftsprozesse“ schwerer austauschbar sei. Nur P8 sieht sich einem geringen Konkurrenzdruck ausgesetzt. Der erbrachte Service wird als hoch proprietär eingeschätzt, so dass der Kunde den Provider nur schwer wechseln kann. Ein bereits vom Kunden unternommener Versuch den Provider für die von P8 erbrachten Leistungen zu wechseln ist „teuer gescheitert“. Aus Sicht des Providers sollte dieser Kunde auf ein Standardsystem wechseln, um die notwendige höhere Flexibilität zu erhalten. Außerdem kann sich der „Provider dann auch mit anderen Unternehmen vergleichen lassen kann und zeigen, dass er eine überdurchschnittliche Leistung erbringt". Das aktuell eingesetzte System verhindert einen Vergleich der IT-Dienstleistungen mit anderen Anbietern.

P2, P3, P5, P8 und P9 bewerten die **Personalfluktuation** im eigenen Hause als gering bis sehr gering, P1, P6, P7 und P10 als durchschnittlich sowie P4 als hoch. P6, P7 und P10 erklären dies mit organisatorischen Problemen (Restrukturierung, fehlgeschlagene Merger). Alle Provider legen hohen Wert auf eine beidseitige stabile Personalsituation. Diese ist ein „kritischer Erfolgsfaktor" (P7), da das Personal des Providers zu weiten Teilen für den Erfolg einer Outsourcingbeziehung verantwortlich ist („People-Business" (P7)). P9 hebt hervor, dass die Kernaufgabe eines Managers darin liegt, qualifizierte Mitarbeiter beim Provider zu halten. P10 sieht eine Personalstabilität insbesondere während der ersten zwei Jahre als kritischen Faktor für die Beziehung, „damit getroffene Entscheidungen (durch Wegfall daran beteiligter Personen) nicht immer wieder neu diskutiert werden müssen". P3 und P6 betonen aber gleichzeitig, dass eine Personalfluktuation auch in gewissem Maße sinnvoll ist, damit „frisches Blut einer Betriebsblindheit vorbeugen kann".

Fünf Provider (P1, P2, P5, P8, P10) schätzen die **kulturellen Unterschiede** zwischen ihrem Haus und ihren Kunden als hoch ein. P1 erklärt das über die „verhaltene Art" des Kunden im Vergleich zum „unkonventionellen und strukturierten" Vorgehen des Providers. P5 macht die Unterschiede an „unterschiedlichen Atmosphären, Wohlbefinden und definierten Leitsätzen der einzelnen Häuser" fest, P10 betont die stärkere „Prozess- und IT-Orientierung" im Vergleich zum eher „pragmatisch geprägten" Kunden. P3, P4 und P7 sehen keine wesentlichen kulturellen Unterschiede zum Kunden (P3, P4, P7). P7 macht dies anhand des Rollenverständnisses der Providermitarbeiter fest. Die Providermitarbeiter müssen verstehen, dass der Erfolg des Kunden von der Verfügbarkeit der von Ihnen erstellten IT-Dienstleistungen abhängt. Alle Provider zeigen gleichermaßen eine hohe Bereitschaft, am Abend oder am Wochenende für den Kunden zu arbeiten. Allerdings beschwert sich P1, dass der Kunde dies explizit vom Provider verlangt, im Gegenzug aber nicht bereit ist, seine Mitarbeiter zu gleichen Zeit arbeiten zu lassen (falls die zu bearbeitenden Prozesse die Einbindung der Mitarbeiter des Kunden erfordern). P7 bezeichnet sein Engagement sowie das des Teams, das im Hause des Providers für den Kunden zuständig ist, als sehr hoch, allerdings vermisst er die gleiche Begeisterung und Arbeitsbereitschaft bei den „indirekt betroffenen" Bereichen des eigenen Unternehmens (wie z. B. die Abteilungen Beschaffung sowie alle nachgelagerten Delivery-Einheiten). Diese reagieren oft zu langsam und bürokratisch.

Die Mitarbeiter von fünf Providern (P2, P3, P4, P6, P8) haben eine sehr geringe **geografische Distanz** zu ihren Kunden. Sie haben ihre Mitarbeiter direkt vor Ort beim Kunden (P2, P3, P6, P8) oder im Nachbargebäude (P3, P4) positioniert. Die Kunden von P5, P7, P9 und P10 befinden sich in der gleichen Stadt. Nur von P1 ist keiner der Mitarbeiter in der Nähe des Kunden („die Dienste werden alle zentral erbracht"). Es wurde zwar inzwischen ein Managementbüro dort eingerichtet, dieses dient aber vornehmlich der Unterstützung des Top-Managements des Kunden. Die vom Provider beabsichtigte Distanz zum operativen Team des Kunden wird mit den negativen Effekten („Kreuz-und-quer-Kommunikation") einer zu großen Nähe beider Mitarbeitergruppen begründet (vgl. Kommunikationsqualität).

Das Verständnis von strategischen Entscheidungen durch die Mitarbeiter auf der operativen Ebene (**Strategic Fit**) wird von P3, P7, P8, P9 und P10 als hoch eingeschätzt. P7 erläutert dies über eine „abgestimmte Kommunikationsmatrix innerhalb des Providers, mit denen den Mitarbeitern alle strategischen Entscheidungen erläutert werden". P2 und P6 sind in ihrer Bewertung etwas zurückhaltender. Beide kommunizieren alle Entscheidungen entlang der Hierarchie, gehen dabei aber von einem Informationsverlust entlang der Hierarchieebenen nach unten aus. „Nicht alle strategischen Entscheidungen können für jeden Mitarbeiter bis in die unterste Ebene übersetzt werden" (P6). P2 ist der Ansicht, dass zumindest in der untersuchten Beziehung die Mitarbeiter ein eher überdurchschnittliches Verständnis der strategischen Entscheidungen aufweisen. P10 betont, dass strategische Entscheidungen des Kunden von den Providermitarbeitern deutlich schlechter nachvollzogen werden können, als die Entscheidungen im eigenen Haus. Die Mitarbeiter äußern bspw. aktuell ihr Unverständnis darüber, dass die Applikationsentwicklung durch den Kunden von einem kleinen spezialisierten Unternehmen an einen der „Branchenriesen" übertragen worden ist, obwohl die Leistungen des bisherigen Unternehmens als sehr gut empfunden wurde.

Alle relevanten Mitarbeiter von P1, P2, P6, P7, P8 und P9 kennen die für sie wichtigen Vertragsbestandteile. P9 betont aber, dass der Vertrag „nicht herumgereicht wird", sondern die Mitarbeiter die für sie relevanten Passagen als Auszug erhalten. Allerdings haben P5 und P10 die Erfahrung gemacht, dass einige bis viele Mitarbeiter kein ausreichendes Wissen über die für sie relevanten Vertragspassagen hatten („Die Mitarbeiter kannten ihre Lieferungsverpflichtungen nicht genau" (P5)). In eigens dafür einberufenen Schulungen hat P5 seine Mitarbeiter die Vertragsdetails näher gebracht.

Alle Befragten sind der Ansicht, dass ihre Mitarbeiter die **Notwendigkeit einer guten Zusammenarbeit** mit den Mitarbeitern des Kunden verstehen, da „ihr Arbeitsplatz von diesem Verständnis abhängt" (P1). Gleichermaßen betonen alle Provider (außer P10), dass die Mitarbeiter des Kunden die Notwendigkeit der guten Zusammenarbeit mit dem Provider erkennen. P3 macht dies vor allem an dem Betriebsübergang fest, der zu Anfang der Beziehung stattgefunden hat („man kennt sich noch von früher"). Es gibt jedoch auch immer einige Mitarbeiter beim Kunden, die durch die Auslagerung das Gefühl haben, dass „ihnen etwas weggenommen worden ist" und sich dann auch unkooperativ verhalten (P5). Eine ähnliche Sichtweise hat auch P10: Die Mitarbeiter seines Kunden können sich bisher nur schwer mit der Auslagerung der IT-Infrastruktur anfreunden. Vor dem Outsourcing waren die Bestellprozesse beim Kunden nur schwach strukturiert, was den Kunden bei Einkäufen viele Freiheiten (z. B. bei der Wahl des Lieferanten) ermöglicht hat. Seit der Auslagerung und der anschließenden Zentralisierung dieses Prozesses empfinden die Mitarbeiter des Kunden diesen Prozess als sehr „bürokratisch".

Beispielhaft seien hier einige interessante Kontextvariablen mit Einfluss auf die Dimensionen der Beziehungsqualität dargestellt, die von den Befragten explizit während der Interviews genannt wurden:

- Geografische Nähe fördert die Kommunikationsqualität über informelle Kommunikation (P9), hat aber einen negativen Einfluss auf deren Effektivität („Kreuz-und-quer-Kommunikation") (P1).

- Personalstabilität fördert die Bildung von Vertrauen (P3, P7).
- Kulturelle Kompatibilität ist ein essenzieller Faktor für eine gute Beziehungsqualität (P3).

Servicequalität

Die Servicequalität des Providers stellt einen wichtigen Einflussfaktor auf die Beziehungsqualität der Outsourcingbeziehung dar. Die Erhebung der Servicequalität erfolgt mit dem Instrument SERVQUAL (1991; Parasuraman et al. 1985; 1994). Bei den hier befragten Providern konnten wir nicht alle der Dimensionen der Servicequalität erfragen, da beispielsweise eine objektive Bewertung der Leistungskompetenz der Mitarbeiter kaum erfragbar ist. Daher werden hier nur die Qualität der gelieferten Dienstleistungen sowie die Reaktionsfreudigkeit dargestellt.

Sechs der Provider konnten die **Qualität der gelieferten IT-Dienstleistungen** verbessern (P3, P5, P6, P7, P8, P10). Beispielsweise hat P5 den Helpdesk mit einer „tiefrot vom Kunden empfundenen Qualität" übernommen und anhand einer „Aktivitätenliste" so verbessert, dass „die vom Kunden empfundene Qualität schließlich auf grün stand". P8 liefert eine deutlich über den festgelegten SLAs liegende Leistung ab („Die Systemverfügbarkeit liegt mit 99,99% immer deutlich über den in den SLAs festgelegten 99%"). P3 weist darauf hin, dass es bei Übernahme einer IT-Dienstleistung seiner Erfahrung nach etwa ein Jahr dauert, bis anfänglich auftretende Fehler und Probleme, die außerhalb der definierten SLAs liegen, gelöst sind. Die von P4 gelieferte Servicequalität hat sich analog zum gegenseitigen Vertrauen in der Beziehung entwickelt. Zu Beginn war die Qualität hoch, hat sich dann stark verschlechtert und schließlich kontinuierlich wieder gesteigert. Dieses erklärt P3 über zwei Effekte: Zum einen war die Arbeitslast extrem hoch, so dass nicht alle Prozesse zeitnah abgearbeitet werden konnten. Zum anderen wurde ein SAP-System eingeführt, dessen Inbetriebnahme zu einem dreitätigen Ausfall des Dienstes geführt hat. Nachdem beide Probleme gelöst werden konnten, hat sich die Servicequalität langsam wieder auf ein normales Niveau eingependelt. P10 berichtet von einer wechselhaften Servicequalität in der noch jungen Beziehung. Zu Beginn konnte die Qualität kontinuierlich gesteigert werden. Dann hat sich der Provider „seiner Arbeit Früchte gefreut", so dass eine Nachlässigkeit eingetreten ist, die die Qualität negativ beeinflusst hat. Inzwischen konnte die Nachlässigkeit der Mitarbeiter sowie die daraus resultierende Servicequalität auf das ursprünglich hohe Niveau gebracht werden. P1 hat das Niveau der Servicequalität bewusst konstant gehalten, um die Erwartungshaltung des Kunden nicht auf ein Niveau zu bringen, das über dem in den SLAs vereinbartem Bereich liegt („Leistungsniveaus oberhalb der vertraglich fixierten SLAs hat der Kunde zu bezahlen").

P1, P2, P3, P7, P8 und P10 verweisen bei der Frage nach ihrer **Reaktionsfreudigkeit** auf Anfragen oder Probleme des Kunden auf die „jeweilige Kritikalität der Anfrage", die bei den meisten Providern detailliert über die SLAs festgelegt ist. Die Reaktionsgeschwindigkeit des Providers sollte „sportlich gesehen werden" (P5), um eine kontinuierliche Verbesserung des Service zu erreichen. P6 sieht seine Reaktionsgeschwindigkeit als nur mittelmäßig an.

Bei der Frage nach der Reaktion auf **unvorhergesehene Änderungswünsche** des Kunden verweisen P2 und P4 auf den Standard-Change-Prozess, über den auch individuelle Anfragen abgearbeitet werden sollen. P1, P3 und P10 versuchen, auf individuelle Anfragen „möglichst flexibel zu reagieren" (P10).

> Beispielhaft sei hier ein interessanter Servicequalitätsfaktor mit Einfluss auf die Dimensionen der Beziehungsqualität dargestellt, der von den Befragten explizit während der Interviews genannt wurde:
>
> - Vertrauen wird bei Outsourcingdeals über die Erreichbarkeit des Providerpersonals gebildet (P7).

Zusammenfassung der Antworten der Provider zu den Einflussfaktoren

In Tabelle 5 werden die Ausprägungen der Einflussfaktoren der befragten Provider zusammengefasst. Auf die Darstellung der Kontextvariablen sowie der Servicequalität wird hier verzichtet. Die Kontextvariablen sind ein sehr vielschichtiges Konzept, das nicht ohne Informationsverlust präsentiert werden kann. Die Bewertung der vom Provider gelieferten Servicequalität ist nur sehr schwer objektiv möglich, da alle Provider in der Befragung ihre Servicequalität als gut bis sehr gut bewertet haben.

	P 1	P 2	P 3	P 4	P 5	P 6	P 7	P 8	P 9	P 10
Interaktionsstruktur	mittel	mittel	hoch	hoch	mittel	hoch	mittel	mittel	hoch	mittel
Interaktionsintensität (formal)	mittel	mittel	hoch	hoch	mittel	mittel	mittel	mittel	mittel	mittel
Interaktionsintensität (informell)	mittel	mittel	hoch	hoch	mittel	mittel	niedrig	mittel	niedrig	mittel
Vertragsgestaltung	hoch	hoch	hoch	mittel	hoch	hoch	hoch	mittel	hoch	hoch
Kontrollsysteme	niedrig	mittel	hoch	hoch	hoch	mittel	hoch	niedrig	mittel	mittel

Tabelle 5. Übersicht über die Ausprägung der Einflussfaktoren der Provider

4.2.3 Outsourcingerfolg

Die Bemessung des Outsourcingerfolgs ist auf Seiten der Provider schwieriger als bei den Kunden, die die Beziehung im Wesentlichen über die Wirtschaftlichkeit des Outsourcingdeals und die Qualität der erbrachten Dienstleistungen bewerten. Auf Providerseite ist die wirtschaftliche Rentabilität der Beziehung das wichtigste Kriterium, allerdings hat keiner der Befragten berichtet, dass die untersuchte Beziehung unrentabel sei. Vor allem bei den neu eingegangenen Beziehungen ist der Break-even-Punkt, ab dem der Erlös aus dem Geschäft die Kosten übersteigt, allerdings oft noch nicht erreicht. Insofern können die Provider nur eine Aussage zu ihren Planungen vornehmen.

Aufgrund dieser Erhebungsproblematik haben wir als einen Anhaltspunkt zur Bewertung des Outsourcingerfolgs erfragt, ob der **Outsourcingvertrag bereits verlängert** worden ist. Fünf Provider (P2, P3, P6, P8, P9) haben ihren Vertrag mit dem Kunden bereits mindestens einmal verlängert, P1 und P10 befinden sich dagegen erst am Anfang der Beziehung (< 12 Monate). Die untersuchte Beziehung von P5 ist bereits beendet, da der Kunde sich für einen anderen Provider entschieden hat.

Eine Verlängerung eines Outsourcingvertrages ist kein ausreichendes Indiz für den wirtschaftlichen Erfolg der Beziehung, denn es besteht die (theoretische) Möglichkeit, dass die erste Periode der Outsourcingbeziehung defizitär war und erst eine Vertragsverlängerung zu einem positiven Ergebnis geführt hat. Die Provider wurden daher befragt, ob sie Interesse an einer Vertiefung der Beziehung haben und ob sie diese noch einmal eingehen würden. Alle Befragten geben an, dass sie die **Beziehung mit ihren Kunden vertiefen** möchten. Auf die Frage, ob sie die **Beziehung noch einmal eingehen** würden, wenn sie mit dem heutigen Stand des Wissens die Entscheidung vor Aufnahme der Beziehung noch einmal treffen könnten, haben die sich alle Befragten zustimmend geäußert.

Als Erklärung für das erneute Eingehen der Beziehung wurden ausschließlich wirtschaftliche Gründe genannt. „Dieser Kunde ist wegen des Umsatzes sehr wichtig" (P1). „Dieser Deal ist wirtschaftlich gesehen hervorragend" (P2). Hier ergibt sich wiederum die Verbindung zur Einschätzung der relativen Bedeutung des Kunden im Portfolio des Unternehmens (siehe Kontextfaktoren), die von allen Unternehmen (bis auf P5) als hoch bis sehr hoch eingestuft wird.

Zusammenfassend kann hier festgehalten werden, dass alle Unternehmen das Outsourcing als erfolgreich betrachten. Der Erfolg wird vor allem über wirtschaftliche Größen bewertet, die bei allen befragten Unternehmen positiv sind. Daneben fließen aber auch andere Größen wie die strategische Bedeutung des Kunden in die Bewertung des Outsourcingerfolgs mit ein.

4.3 Gegenüberstellung der „Outsourcing-Pärchen"

Unter den untersuchten acht Banken sowie zehn Providern finden sich zwei mal zwei Unternehmen, die jeweils in einer Outsourcingbeziehung zueinander stehen (sog. „Pärchen"). Im Rahmen der Befragung wurden die jeweils Verantwortlichen beider Seiten zu dieser jeweiligen Outsourcingbeziehung befragt. Die Ergebnisse der Befragung sind nachfolgend in Tabelle 6 – Tabelle 8 (Pärchen1) sowie Tabelle 9 – Tabelle 11 (Pärchen2) dargestellt.

Die Aussagen von Pärchen1 zur Beziehungsqualität unterschieden sich bei drei Dimensionen. Das **Vertrauen** in Form der Einbeziehung in die Strategieentwicklung des Kunden wird von beiden Parteien unterschiedlich eingeschätzt. Der Kunde spricht von einem rechtzeitigen Einbezug des Providers in die IT-Strategieentwicklung, während der Provider sich darüber beschwert, erst sehr spät (meistens erst durch die konkrete Beauftragung mit der Umsetzung durch den Kunden) von neuen IT-Projekten zu erfahren. Die **Einflussnahme** auf Personalentscheidungen wird ebenfalls als von beiden Parteien unterschiedlich wahrgenommen. Während aus Sicht des Kunden ein „vollkommener" Einfluss auf die Personalentscheidungen des Providers besteht, sieht sich der Provider selbst in diesen Fragen zwar als sehr kompromissbereit an, ohne dem Kunden aber eine „vollkommene" Entscheidungsfreiheit über Personalfragen zu gewähren. Gleichermaßen existiert eine unterschiedliche Wahrnehmung der **Kompromissbereitschaft**. Der Kunde sieht sich selbst als „null kompromissbereit", während der Provider die Kompromissbereitschaft seines Kunden doch als mittelstark ausgeprägt bewertet.

Die Aussagen von Pärchen1 zu den Einflussfaktoren der Beziehungsqualität unterscheiden sich vor allem in der Bewertung der **Servicequalität** und damit des eigentlichen Erfolgs des Outsourcing. Zwar wird die Basisservicequalität (Verfügbarkeit und Stabilität der Leistungen) von beiden Seiten gleichermaßen als gut eingeschätzt, dennoch differiert die Einschätzung der Gesamtqualität zwischen beiden Parteien stark. Der Provider schätzt sich in einigen Bereichen zwar als zu reaktiv ein, betont aber andererseits seine Proaktivität in anderen Bereichen („In einigen Bereichen agieren wir so proaktiv, dass der Kunde nicht mehr hinterherkommt"). Der Kunde hingegen empfindet den Provider als viel zu passiv. Er beanstandet vor allem die unzureichende Entwicklung des Providers von der technischen hin zur Prozessebene und kann nicht nachvollziehen, dass der Provider an dieser Stelle nicht die Chance wahrnimmt, dadurch zusätzlichen Umsatz zu generieren. Gerade die Bereitstellung von fachlichen Lösungen wurde zwar versprochen aber nicht geliefert. Korrespondierend zu den Abweichungen der Aussagen beider Parteien bei der Servicequalität findet sich ebenfalls eine Unstimmigkeit bei den **Kontrollsystemen**. Der Provider betont die aktive und offensive Ansprache von Problemen beim Kunden, während dieser wiederum die mangelnde Proaktivität des Providers bemängelt.

	Finanzdienstleister (Kundensicht auf die Beziehung)	Provider (Providersicht auf die Beziehung)
Vertrauen	Der Provider wird immer rechtzeitig in den ihn betreffenden Teil der IT-Strategieentwicklung mit einbezogen. „Kleinigkeiten" werden auch über den „kleinen Dienstweg" mit dem Provider geregelt, ohne dass es einer schriftlichen Fixierung bedarf. Alle anderen Vorgänge werden über den Vertrag abgesichert.	Der Einbezug in die Entwicklung der IT-Strategie wird als zu spät erachtet. Der Provider erfährt erst über Projekte, wenn diese bei ihm „aufschlagen". Dies wird aber nicht als „böser Wille" des Kunden betrachtet, sondern über fehlende Lerneffekte erklärt. Bei vielen kritischen Situationen sind in enger persönlicher Zusammenarbeit – ohne die Notwendigkeit der schriftlichen Fixierung – Probleme gelöst worden.
Kommunikationsqualität	Zu Beginn der Beziehung war die Kommunikationsqualität eher schlecht, hat sich aber inzwischen auf ein gutes Niveau verbessert. Probleme können jetzt offen mit dem Provider angesprochen werden.	Die offene Problemansprache mit diesem Kunden ist wichtig und immer möglich. „Der Kunde schätzt diese Offenheit."
Fachl. Verständnis	Anfangs hatte der Provider kein bankfachliches Verständnis, dieses ist im Laufe der Zeit stetig gewachsen. Inzwischen benutzen beide ein einheitliches Vokabular.	Die IT-Kenntnisse des Kunden werden als gut eingeschätzt. Ein gemeinsames bankfachliches Vokabular ist inzwischen vorhanden.
Einflussmöglichkeit	Der FDL hat „vollkommene" Einflussmöglichkeiten auf das Personal des Providers, dass jederzeit ausgetauscht werden kann. „Das ist die einzige Möglichkeit, die Beziehung erfolgreich zu gestalten."	Der Kunde gibt zu verstehen, wenn er mit einzelnen Personen unzufrieden ist und fordert den Provider auf, entsprechende Maßnahmen zu ergreifen, der dann in der Regel sehr entgegenkommend ist.
Commitment	Der Provider wird als Lieferant wahrgenommen. Der FDL wünscht sich aber ein eher partnerschaftliches Verhältnis. Die „Lieferantenbeziehung" zu diesem Provider wird vor allem über die nur teilweise erbrachten Serviceleistungen (s.u.) erklärt.	Der FDL hat für den Provider hohe Bedeutung. Die Art der Beziehung tendiert eher in Richtung Lieferantenverhältnis. In kritischen Situationen lässt er „eher den Kunden raushängen" und gibt sich nicht partnerschaftlich.
Konflikt	Es kommt nur selten zu Konflikten.	Es kommt nur selten zu Konflikten. Es gab aber einen Konflikt im Rahmen der Überprüfung der Applikationen des Providers durch ein Drittunternehmen. Als Ergebnis dieser Überprüfung wurden einige Mängel festgestellt. Diese Situation hat der Kunde aus Sicht des Providers „ausgenutzt", um über die Behebung der Mängel hinaus weitere Nachforderungen zu stellen.
Konsens	*keine Angabe*	Es wird üblicherweise immer ein Konsens gefunden. Allerdings gab es auch schon einmal Probleme, die „verschleppt" wurden.
Kongruenz	*keine Angabe*	Es gibt keinen gemeinsamen Projektplan sowie keine gemeinsamen Ziele. Es gibt kein gemeinsames Streben nach einer Win-win-Situation („Dafür ist der Kunde zu budgetgesteuert").

Flexibilität	*keine Angabe*	Die eigene Flexibilität wird vom Providermanager als eher gering eingeschätzt. Sein Vorgesetzter relativiert diese Aussage und betont, dass für diesen Kunden die internen Prozesse an dessen Flexibilitätsbedarf angepasst wurden. Die Flexibilität hat sich seit Beginn der Beziehung stark verbessert.
Nachsicht	Der Provider ist sehr kompromissbereit, der FDL überhaupt nicht.	Die eigene Kompromissbereitschaft wird als sehr hoch eingeschätzt, die des Kunden als mittelhoch. „Der Kunde setzt sich öfter durch als wir". Bei Fehlern, die vom Provider verursacht werden, „zieht der Kunde den Vertrag sehr schnell aus der Schublade".

Tabelle 6. Übersicht über die Aussagen zur Beziehungsqualität von Pärchen1

	Finanzdienstleister (Kundensicht auf die Beziehung)	Provider (Providersicht auf die Beziehung)
Interaktionsstruktur	Es gibt beim FDL sowie beim Provider je nach Hierarchieebene einheitliche Ansprechpartner. Der Kontakt zu nachgelagerten Spezialisten beim Provider ist grundsätzlich möglich, wird aber nur in Ausnahmefällen in Anspruch genommen. Zur Beginn der Beziehung gab es für die Providermitarbeiter eine Schulungsreihe. In der laufenden Beziehung haben die Providermitarbeiter die Möglichkeit der Hospitation beim FDL. Es gibt eine gemeinsame Prozessdokumentation. Mitarbeiter des Providers sind im Rahmen von Projekten sehr häufig vor Ort.	Es gibt bei der Bank sowie beim Provider je nach Hierarchieebene einheitliche Ansprechpartner. Obwohl es nicht erwünscht ist, dass der Kunde direkt auf nachgelagertes Personal beim Provider zugreift, gibt es häufiger direkte Kommunikation mit nachgelagerten Mitarbeitern, ohne den eigentlichen Ansprechpartner zu involvieren. Andererseits nutzt der Provider selbst die Möglichkeit, mit nachgelagertem Personal des Kunden zu kommunizieren, um schnell und unbürokratisch an Informationen aus dessen Organisation zu gelangen. Der Provider bemängelt, dass der Kunde personell im Verhältnis 2:1 besser besetzt ist. Dieses Ungleichgewicht spiegelt sich auch in der Summe der Anfragen durch den Kunden wider, die der Provider nur schleppend abarbeiten kann. Zu Beginn der Beziehung wurden per Betriebsübergang zwei Mitarbeiter vom Kunden übernommen. Jede Seite hat ihre eigene Prozessdokumentation erstellt, die aber aufeinander abgestimmt worden ist. Bisher sind nicht immer Providermitarbeiter beim Kunden anwesend. Inzwischen konnte aber, nach mehrfachem Nachfragen, ein Projektbüro beim Kunden bezogen werden.

Interaktionsintensität	Formelle Meetings: oberste Ebene: alle 6 Monate; mittlere Ebene: monatlich; unterste Ebene: wöchentlich Etwa 80% der Kommunikation erfolgt formal.	Formelle Meetings: oberste Ebene: alle 6 Monate; mittlere Ebene: alle 2 Wochen, operative Ebene: alle 2 Wochen. Die Meetings auf der obersten Ebene (Geschäftsführerebene) wurden im Laufe der Beziehung implementiert und haben einen positiven Einfluss auf das „Partnering" in der Beziehung sowie auf das gemeinsame Vertrauen. Es gab ebenfalls ein monatliches Meeting mit der Providersteuerung („Kaffeetrinktermin"), das vom Kunden organisiert wurde. Dieses wurde vor einiger Zeit abgesetzt. „Es gab für diesen Termin keine Notwendigkeit mehr", da die gesprächsrelevanten Themen dieses Meetings insb. im Zusammenhang mit der Anfangsphase der Beziehung standen. 20-30% der Kommunikation erfolgt informell. Mit dem neu geschaffenen Projektbüro soll die informelle Kommunikation gesteigert werden, um möglichst „schon eine Lösung zu Problemen des Kunden in der Tasche zu haben, wenn der Kunde diese offiziell dem Provider mitteilt". Es gibt einige wenige persönliche Bindungen zwischen den Mitarbeitern des Providers und den des Kunden. Diese sind „sehr belastbar".
Vertragsgestaltung	Der Vertrag ist aus Sicht des Kunden sehr gut. Die SLAs sind detailliert, Pönalen sind festgelegt, Haftungsklauseln vorhanden sowie ein regelmäßiges Benchmarking des Providers vorgesehen. Es kommt häufig zur Zahlung von Pönalen, da das Modell „sehr sensibel ist". „Am Ende des Tages ist die Pönale das Mittel, um den Provider zur guten Leistung anzuhalten." Das regelmäßige Benchmarking hat schon zu Preisreduktionen geführt.	Der Provider ist im Wesentlichen mit dem Vertrag zufrieden. Allerdings erachtet er die strikte Anwendung der Pönalzahlung als problematisch. Diese sollte ggfs. durch ein Bonussystem ergänzt werden („Die Gutleistung wird vom Kunden als selbstverständlich erwartet, ohne dass der Provider bei hervorragenden Leistungen einen Bonus erhält").
Kontrollmechanismen	Neben den vom Provider erstellten Reports nutzt der FDL ein eigenes Messsystem, „das Fehler der Bank sichtbar macht, bevor der Provider diese melden kann". Dieses Messsystem erlaubt eine Darstellung der relevanten Daten je nach hierarchischer Ebene. So erhält bspw. die strategische Ebene nur die für sie relevanten Daten. Der Provider wird als sehr reaktiv eingeschätzt, da nur auf direkte Anfragen des Kunden eine Reaktion des Providers zu erwarten ist.	Der Kunde erhält Reports und misst zusätzlich selbst. Der Kunde war zu Anfang der Beziehung eher unzufrieden mit den vom Provider erstellten Berichten. Er fühlte sich „über den Tisch gezogen", da diese Reports nur die vom Provider verursachten Fehler dargestellt haben, nicht aber die vom Kunden verursachten. Diese Problemsituation ergab sich durch die Abweichungen zwischen den Reports des Providers sowie der des Kunden, in denen eine höhere Anzahl von Problemen vermerkt war, als in den Providerberichten. Inzwischen enthalten die Reports alle Fehlermeldungen, unabhängig vom Verursacher. Allerdings kommt es immer wieder zu Unstimmigkeiten über die Richtigkeit der Reports.

Kontrollmechanismen		Zusätzlich zu den Reports gibt es regelmäßige Kundenzufriedenheitsbefragungen, um die „gefühlte Kundenzufriedenheit" zu erfassen. Im Rahmen dieser offenen Feedbackkultur wird bei der Angabe von negativen Werten in der Kundenzufriedenheitsumfrage der Kunde offensiv angesprochen.
Kontextvariablen	Der FDL ist sehr outsourcingerfahren. Es gibt verschiedene andere Provider, die in unterschiedlichen Bereichen Leistungen erbringen. Outsourcing wird seit vielen Jahren betrieben. Der FDL schätzt seine relative Bedeutung im Portfolio des Providers als hoch ein. Zwar ist das Vertragsvolumen relativ gering, allerdings bietet er seinem Provider als einziger Kunde in diesem Kundensegment Zugang zum selbigen.	Als internationaler Outsourcingdienstleister hat der Provider hohe Erfahrungen. Die relative Bedeutung dieses Kunden wird im Bereich Finanzdienstleistungskunden als sehr hoch sowie für das Gesamtunternehmen als hoch eingeschätzt.

Tabelle 7. Übersicht über die Aussagen zu den Einflussfaktoren der Beziehungsqualität von Pärchen1

	Finanzdienstleister (Kundensicht auf die Beziehung)	Provider (Providersicht auf die Beziehung)
Servicequalität	Die Servicequalität wird, was den laufenden Betrieb angeht, als gut eingeschätzt. Es kommt nur noch selten zu Störungen. Allerdings ist der Befragte mit der Gesamtsituation unzufrieden. Der Provider ist viel zu passiv; nur auf Anfragen des Kunden gibt es eine Reaktion des Providers. Dabei „könnten die viel mehr Geschäft mit uns machen, wenn Sie aktiv mit neuen Ideen und Verbesserungsvorschlägen auf uns zukommen würden. Ich verstehe das einfach nicht, dass die sich dieses Zusatzgeschäft durch die Lappen gehen lassen". Zugesagte Leistungen wurden teilweise nicht geliefert. Der Befragte betont, dass er zum aktuellen Zeitpunkt zurückhaltend in Bezug auf die Verlängerung der Beziehung ist, da „der Provider die Anfangszeit einfach verschlafen hat. Er hat sich zu langsam von Infrastruktur in Richtung Geschäftsprozesse entwickelt".	Der Provider schätzt seine Servicequalität als gut ein. Zwar gab es Probleme mit der Flexibilität, diese konnten aber durch Umgehung der internen Prozesse des Providers gelöst werden. Der Kunde kann den Provider jederzeit (auch nachts) erreichen, und dieser reagiert je nach Prioritätsstufe angemessen schnell. In Summe wird das eigene Handeln als manchmal etwas zu passiv bewertet. Dies wird über die geringe „Personaldecke" erklärt, die aufseiten des Providers nur halb so stark wie die des Kunden ist. Andererseits wird betont, dass es ebenfalls Bereiche gibt, in denen der Provider so proaktiv agiert, dass „der Kunde nicht mehr hinterherkommt". Wäre die Personalausstattung beim Provider größer, dann „würde man den Kunden so unter Arbeit setzen, dass er nicht ständig nach Punkten fragt, auf die der Provider wegen der geringen Personaldecke nicht reagieren kann".

Tabelle 8. Übersicht über die Aussagen zur Servicequalität von Pärchen1

Bei der Untersuchung der zweiten Beziehung (Pärchen2) fallen kaum Unterschiede auf. Lediglich bei der Beziehungsqualität gibt es minimale Abweichungen in der Bewertung zweier Dimensionen. Das **bankfachliche Wissen** des Providers wird vom Kunden zwar schon als recht hoch eingeschätzt, trotzdem verweist der FDL darauf, dass er ein deutliches höheres bankfachliches Wissen als der Provider hat (obwohl es sich um einen BPO-Deal handelt, bei dem bankfachliche Aufgaben abgegeben wurden). Der Befragte des Providers hingegen schätzt sein eigenes Fachwissen, vor allem durch seine langjährige Zugehörigkeit als Mitarbeiter beim Kundenunternehmen, selbst als sehr hoch ein. Beide Parteien sind sich einig, schnell einen **Konsens** finden zu können, was der Provider mit der Aussage unterstreicht, dass es keine offenen Streitpunkte in der Beziehung gibt. Die Bank allerdings hebt hervor, dass die Frage der Bepreisung von Leistungen seit längerem ungelöst ist und regelmäßig wieder bei Treffen mit dem Provider diskutiert wird, ohne dass es bisher zu einer Einigung kam.

Bei den Einflussfaktoren der Beziehungsqualität sowie dem Outsourcingerfolg stimmen die Aussagen beider Seiten überein.

Eine Erklärung für die breite Übereinstimmung der Aussagen beider Befragten bietet hier die Historie der Beziehung beider Häuser. Der Provider ist eine Ausgründung aus dem FDL, der seit knapp zehn Jahren am Markt aktiv ist und für den FDL einen Geschäftsprozess betreibt. Beide Unternehmen stehen in einer sehr engen Verbindung zueinander, was sich u. a. durch die Bedeutung des FDL für den Provider zeigt. Der FDL ist der mit Abstand größte Kunde des Providers, der nur wenige Kunden in seinem Portfolio hat. Durch die geografische Nähe beider Unternehmen ergibt sich sowohl zwischen den Mitarbeitern als auch zwischen den Vorständen beider Häuser eine enge Verzahnung.

	Finanzdienstleister (Kundensicht auf die Beziehung)	Provider (Providersicht auf die Beziehung)
Vertrauen	Das Vertrauen ist aktuell sehr hoch. Allerdings war dieses nicht immer so. Nach Beginn der Beziehung ist das Vertrauen stark gesunken und dann wieder angestiegen und hat sich schließlich auf einem hohen Niveau eingependelt. Die schlechte Beziehungsqualität war auf der operativen Ebene weniger ausgeprägt als auf der strategischen Ebene. Dies wird über die auf der operativen Ebene eher lösbaren Probleme erklärt. Der Provider wird bei der IT-Strategieentwicklung mit einbezogen. „Wir sitzen letztendlich in einem Boot."	Das Vertrauen war am Anfang sehr ausgeprägt, hat sich dann verschlechtert und ist im Laufe der Zeit wieder angestiegen. Derzeit ist das Vertrauen vom Provider in den Kunden sehr hoch. Andersherum schätzt der Provider das Vertrauen des Kunden in ihn ebenfalls als sehr hoch ein. Der Provider betont, dass das Ziel der Beziehung nicht die Maximierung des Gewinns ist, sondern: 1. den Kunden gut zu bedienen; 2. vor allem auch selbst durch aktive Teilnahme an aktuellen Entwicklungen und Inhouse-Weiterentwicklung von Prozessen und Projekten marktfähig zu bleiben. Dies wird auch als Instrument zur Erhaltung der eigenen Kernkompetenz gesehen. Der Provider wird nicht in grundsatzstrategische Entscheidungen des Kunden einbezogen.

Kommunikationsqualität	Parallel zum schwankenden Vertrauen hat sich die Kommunikationsqualität entwickelt. Gerade während des wenig vertrauensvollen Zusammenarbeitens war die Effektivität der Kommunikation eher schlecht, da „von beiden Seiten Informationen zurückgehalten worden sind". Die Anzahl der ungelösten Probleme, die die Hierarchie nach oben eskalierten, war zu Anfang der Beziehung sehr hoch („Wir waren damit früher sehr schnell, fast jede Woche "), ist inzwischen aber auf eine sehr geringe Anzahl zurückgegangen.	Es erfolgt eine Einbeziehung in den Bereichen, für die der Provider seine Dienste erbringt. Die Kommunikationsqualität ist aktuell gut. Allerdings sind zu Anfang der Beziehung zu viele Beschwerden entlang der Hierarchie nach oben eskaliert worden. Aktuell ist die Anzahl der Eskalationen aber sehr gering. Der Befragte betont allerdings, dass er als Vorgesetzter zwar die Differenzen der operativen Ebene klären, allerdings auf einer sachlichen Ebene kaum zur Lösung des Problems beitragen kann, da er die genauen Umstände nicht detailliert kennt.
Fachliches Verständnis	Das fachliche Verständnis des Providers wird zwar als gut eingeschätzt, aber der FDL gibt an, dass er trotzdem ein deutlich höheres Prozesswissen hat. Allerdings können Ziele nur zusammen mit dem Provider erreicht werden.	Der Kunde kann seine Anforderungen gut formulieren. Sieht der Provider ein Verbesserungspotenzial bei diesen Anforderungen, werden diese in Zusammenarbeit mit dem Kunden verfeinert. Das eigene bankfachliche Wissen als auch das Wissen über das Unternehmen des Kunden wird als sehr hoch eingeschätzt.
Einflussmöglichkeit	*keine Angabe*	Der Kunde hat keine direkte Einflussmöglichkeit auf die Personalbesetzung des Providers. Da der Provider dem Kunden gerne entgegenkommen möchte, wird bei Anfragen des Kunden die personelle Situation mit diesem besprochen. Es werden ggfs. Mitarbeitern andere Aufgabenbereiche zugeteilt. Neueinstellungen werden mit dem Kunden besprochen.
Commitment	Die Bereitschaft des Providers, die Beziehung auf lange Frist aufrecht zu erhalten, wird als „recht hoch" eingeschätzt.	Die eigene Leistungsbereitschaft wird als sehr hoch eingestuft, da der Kunde ein strategischer Partner ist. Dieses äußert sich u. a. in der Bereitschaft, auch außerhalb der regulären Arbeitszeiten für diesen Kunden tätig zu werden.
Konflikt	Das Konfliktpotenzial innerhalb dieser Beziehung wird als gering erachtet. Es gibt zwar hin und wieder Schlechtleistungen des Providers, diese werden aber regulär gelöst, ohne dass es zu wesentlichen Konflikten kommt.	Als Konflikt wird vom Provider eine Situation erachtet, in der „nicht mehr auf der Sachebene diskutiert werden kann". Dies passiert in dieser Beziehung aber sehr selten.
Konsens	Es wird allgemein schnell ein Konsens gefunden. Allerdings steht die Bepreisung der Leistungen des Providers „immer wieder auf der Tagesordnung".	Mit diesem Kunden wird immer schnell ein Konsens gefunden. Allerdings „ist es wie in einer Ehe: beide müssen wollen". Es gibt keine offenen Streitpunkte in der Beziehung, die längere Zeit ungelöst sind. Kompromisse werden gemeinsam rational erarbeitet.

Kongruenz	Die Zusammenarbeit mit dem Provider ist sehr gut, man fühlt sich „fast wie innerhalb eines Unternehmens". Dieses äußert sich z. B. darin, dass sich bei Verständnisproblemen der IT-Abteilungen die Fachabteilungsmitarbeiter auf beiden Seiten gelegentlich „zusammentun" und gemeinsam zusammen mit der IT diskutieren (im positiven Sinne).	Es gibt keine gemeinsamen Projektpläne und keine gemeinsam definierten Ziele mit dem Kunden. Für den Provider sind die „Ziele aber über die SLAs definiert". Es gibt jedoch eine gemeinsame Win-win-Situation, die sich darin äußert, dass die Produktentwicklung mit gegenseitiger Beratung vonstatten geht. Der Befragte betont, dass es in der Beziehung aktuell nur ein „Wir" gibt, in dem es zwischen beiden Unternehmen kaum das Gefühl einer organisatorischen Trennung gibt. Der Kunde akzeptiert die Retailkompetenz des Providers und legt ihm sogar interne Arbeitsanweisungen zum Prüfen vor.
Nachsicht	*keine Angabe*	Die eigene Nachsicht wird als sehr hoch eingeschätzt, die des Kunden etwas geringer. „Der Kunde ist tendenziell und naturgemäß weniger kompromissbereit, als der Dienstleister." Diese hohe Nachsicht von beiden Seiten äußert sich z. B. in der Nichtnutzung eines Malus-Systems, obwohl dieses zu Beginn der Beziehung implementiert worden ist. Gelegentlich kommt es auf beiden Seiten zur Kommunikation von Fehlern in größeren E-Mail-Verteilern als eigentlich notwendig. Der Befragte bewertet dies als äußert negativ.

Tabelle 9. Übersicht über die Aussagen zur Beziehungsqualität von Pärchen2

	Finanzdienstleister (Kundensicht auf die Beziehung)	Provider (Providersicht auf die Beziehung)
Interaktionsstruktur	Der Kontakt zum Provider läuft über eine dedizierte Abteilung „Anforderungsmanagement", die Anfragen vor Weitergabe an den Provider bündelt. Es gibt eine rudimentäre Prozessdokumentation (sog. Prozessblätter) die vom Provider erstellt wurde. Es soll aber künftig gemeinsam ein Prozessmodell entwickelt werden. Der Provider bemüht sich aktuell Transparenz aufzubauen. Früher hatte man eher den Eindruck, dass der Provider eine „Barrikade" aufbauen wollte, um dem Kunden den Einblick in seine Prozesse zu erschweren. Es gibt eine gemeinsame Arbeitsgruppe, in der die Mitarbeiter des eigenen Hauses und die des Providers ohne funktionale Trennung zusammenarbeiten. Konkret ist das ein Team aus Mitarbeitern des Providers, denen ein Vorgesetzter aus dem Haus des Kunden vorsteht.	Der Zugriff auf nachgelagerte Personen beim Provider ist dem Kunden erlaubt. „Jeder hat in Bezug darauf seine eigene Philosophie, allerdings wünsche ich, dass alle wichtigen Punkte über meinen Schreibtisch gehen". Der Prozess ist gemeinsam mit dem Kunden detailliert und strukturiert dokumentiert. Alle Mitarbeiter können auf diese Prozessdokumentation zugreifen. Es gibt eine gemeinsame Arbeitsgruppe mit Mitarbeitern aus dem eigenen Haus sowie Mitarbeitern des Kunden, in der ohne funktionale Trennung zusammengearbeitet wird. Konflikte werden entlang der Hierarchie eskaliert. Es gibt keine dedizierte Person, die für das Konfliktmanagement zuständig ist.

Interaktions-struktur	Bei Problemen innerhalb des gemeinsamen Prozesses werden gemeinsam mit dem Provider Workshops durchgeführt, um die Mitarbeiter auf den letzten Stand zu bringen. Im Rahmen des Meetings „Kontinuierlicher Verbesserungsprozess" werden Probleme besprochen.	
Interaktionsintensität	Treffen auf operativer Ebene: wöchentlich, Bereichsleiterebene: regelmäßig, Vorstandsebene: regelmäßig. Bei gemeinsamen Projekten finden ebenfalls regelmäßige Treffen statt. Zusätzlich zu diesen Terminen findet ein regelmäßiges Meeting „Kontinuierlicher Verbesserungsprozess" statt. Die Meetings werden protokolliert; dies „wird im Sinne einer Dokumentation als Medium der Kommunikation verstanden, um strukturiert in Prozesse einzusteigen". Die informelle Kommunikation ist zum aktuellen Zeitpunkt viel ausgeprägter als am Anfang der Beziehung. Dieses wird über den starken Einbruch des gegenseitigen Vertrauens zu Beginn der Beziehung erklärt. Es gibt viele persönliche Bindungen zwischen den Mitarbeitern beider Häuser, da sich diese „noch von früher kennen".	Treffen auf operativer Ebene: wöchentlich, Bereichsleiterebene: unregelmäßig (etwa alle zwei Wochen), Vorstandsebene: regelmäßig. Bei gemeinsamen Projekten finden ebenfalls regelmäßige Treffen statt. Daneben gibt es ein regelmäßiges Meeting „Kontinuierlicher Verbesserungsprozess", in dem sich monatlich alle Hierarchieebenen treffen (Bereichsleiter, Abteilungsleiter, operative Ebene, sowie Vertrieb und Beschwerdemanagement). Aus Sicht des Providers gibt es genug Meetings mit diesem Kunden, so dass gelegentlich, bei nicht vorhandenen Diskussionsthemen, diese auch bei beiderseitigem Einvernehmen, ausfallen können. Die Meetings werden auch sehr stark zur Beziehungspflege genutzt. Alle Meetings werden protokolliert, es werden To-do-Listen erstellt sowie ein Beschlussbuch geführt. Informelle Kommunikation hat einen hohen Anteil an der Gesamtkommunikation auf allen Ebenen. Der Befragte und sein Ansprechpartner treffen sich aufgrund der gemeinsamen Arbeitsstätte im gleichen Gebäude, etwa jeden zweiten Tag „auf dem Gang". Die Führungsebene übergibt bewusst die Kommunikationsverantwortung an die operative Ebene, sodass diese regelmäßig miteinander kommunizieren und somit Probleme miteinander (ohne Eskalation) lösen. Zwar werden die wichtigen Beschlüsse alle in Meetings gefasst, diese werden aber gemeinsam mit dem Kunden informell abgestimmt und vorbereitet. Außerbetriebliche Veranstaltungen sind „elementar für die Vertrauensbildung" und werden vom Provider stark gefördert. Dies erfolgt über gemeinsames Essen gehen, inoffizielle „Come togethers", Sportaktivitäten und Oktoberfestbesuche. Es herrscht ein Klima des „gemeinsamen Aufeinanderachtens". Man trägt sich z. B. die Geburtstage des Gegenübers in seinen Kalender ein und tauscht sich über private Themen aus. Der Befragte treibt u. a. regelmäßig mit dem Vertriebsleiter des Kunden Sport.

Interaktions-intensität		Der Anteil der Kommunikation per E-Mail wird als zu hoch eingeschätzt. Es sollte stattdessen mehr persönliche Kontakte (z. B. per Telefon) geben. Es gibt auf allen Ebenen persönliche Bindungen zwischen den Häusern, was sich z. B. anhand des hohen Anteils der informellen Kommunikation zeigt.
Vertragsgestaltung	Inzwischen sind SLAs definiert, die „jetzt auch den Namen SLAs verdienen" Zu Anfang der Beziehung waren de facto keine SLAs definiert. Es gibt aber noch viel Verbesserungsbedarf, da die SLAs auf technische Größen und nicht auf Prozessebene definiert sind. Es existiert ein Pönalsystem. „Zur Nutzung dieses Systems ist es aber nicht gekommen". Als Bepreisung wurden zu Anfang der Beziehung die Personalkosten 1:1 auf den Kunden übertragen (Provider ist ein Spin-off des Kunden). Da "das aber nicht sein kann und man dafür kein Outsourcing macht", wurde die Bepreisung vor kurzem angepasst. Bei Neugeschäft wird nun der Preis nach Vertragseingang und nach verschiedenen aufwändigen Produktarten berechnet. Im Bestandsbereich wird immer noch nach Mengen abgerechnet. Alles in allem sieht der Vertrag einen immer noch sehr hohen Fixanteil vor. Die Bepreisung der Leistung wird jedes Jahr neu verhandelt.	SLAs sind bei diesem Kunden definiert. Neben einem Pönalsystem ist ein Bonussystem installiert. Aufgrund der guten Beziehung wurde aber bisher weder das Pönalen- noch das Bonussystem genutzt. Je nach unterschiedlichem Bearbeitungsaufwand je Stück werden diese nach Verbrauch bepreist.
Kontrollmecha-nismen	Der Provider erstellt regelmäßig Reports. Diese sind „aktuell allerdings nicht sehr aussagekräftig". Gegenwärtig wird die Prozessperformance anhand von Durchlaufzeiten, Vorgängen in einer bestimmten Zeit, Prozessstörungen sowie der Stückzahlen gemessen. Derzeit arbeitet der Kunde gemeinsam mit dem Provider an einem verbesserten Reporting.	Für den Kunden werden Reports erstellt. Sowohl Kunde als auch Provider kontrollieren die Leistungen über die Revision. Das Reporting für die anderen Kunden ist deutlich weniger umfangreich. Diese verlassen sich im Wesentlichen auf die Revisionsanforderungen.
Kontextvariablen	Die geografische Distanz zwischen beiden Parteien ist sehr gering, beide sitzen im gleichen Gebäude. Die Erfahrung des Kunden mit Outsourcing ist eher gering. Der Provider ist für diesen Kunden sehr wichtig, da es de facto kaum Konkurrenz am deutschen Markt für die erbrachte Dienstleistung gibt. Als Alternative kommt nur das Rückgängigmachen des Outsourcings in Frage. Die Komplexität der erbrachten Leistung ist hoch, da es sich um einen Geschäftsprozess handelt.	Provider und Kunde sitzen im gleichen Gebäude. Die Erfahrung des Providers ist eher gering, da sein Kundenstamm sehr klein ist. Er agiert außerdem erst seit weniger als einem Jahrzehnt am Markt. Der Kunde hat eine außerordentlich wichtige Rolle für den Provider, da er der mit Abstand größte Kunde von sehr wenigen anderen ist. Die Stabilität des Personals wird vom Befragten als sehr wichtig angesehen. Allerdings sollte auch gelegentlich durch „frisches Blut" einer „Betriebsblindheit" vorgebeugt werden.

Kontextvariablen	„Die Leistungsnehmer, Leistungsgeberbeziehungen sind in dieser Beziehung viel komplexer als etwa bei einer IT-Infrastrukturauslagerung. Die Prozesse beider Unternehmen sind viel enger miteinander verwoben". Gleiches gilt für die Spezifität der Leistung. Ein Wechsel zu einem anderen Anbieter wäre nur schwer möglich. Als einfachere Option wird daher ein Insourcing der ausgelagerten Leistung gesehen. Das Argument des „(Teil)Insourcing steht intern immer zur Debatte", wird aber gegenüber dem Provider nicht aktiv als Argument genutzt. Die kulturellen Unterschiede werden aufgrund der Ausgründung des Providers aus der befragten Bank als gering eingeschätzt. Das Verständnis von strategischen Entscheidungen durch die Mitarbeiter auf der operativen Ebene (Strategic Fit) wird im Unternehmen als verbesserungswürdig eingeschätzt (nicht aber in der eigenen Abteilung).	Die Personalfluktuation ist im Wesentlichen gering. So hat der direkte Ansprechpartner des Befragten seit zwei Jahren nicht gewechselt. Allerdings sorgt ein geplanter Merger zum Zeitpunkt der Befragung dafür, dass eine höhere Personalfluktuation als in der Vergangenheit anzutreffen ist. Es sind nahezu keine kulturellen Unterschiede zwischen dem Kunden und dem Provider vorhanden. Das Verständnis der Notwendigkeit einer guten Zusammenmitarbeit mit dem Kunden wird bei den eigenen Mitarbeitern als hoch eingeschätzt. Ebenso geht der Befragte davon aus, dass die Mitarbeiter des Kunden ebenfalls die Notwendigkeit der guten Zusammenarbeit mit dem Provider als hoch einschätzen.

Tabelle 10. Übersicht über die Aussagen zu den Einflussfaktoren der Beziehungsqualität von Pärchen2

	Finanzdienstleister (Kundensicht auf die Beziehung)	Provider (Providersicht auf die Beziehung)
Servicequalität	Die vom Provider erhaltene Servicequalität war zu Beginn der Beziehung schlecht, da sich der Provider nach der Ausgründung als eine „Abteilung Deluxe" verstanden hat. Allerdings hat sich die Servicequalität über die Laufzeit der Beziehung deutlich verbessert. Der Befragte ist inzwischen mit der erhaltenen Servicequalität zufrieden. Der Provider macht proaktiv Verbesserungsvorschläge. So werden derzeit gerade die Bestandsprozesse auf Anregung des Providers optimiert.	Die Servicequalität hat sich analog zum Vertrauen in der Beziehung (gut zu Beginn, starke Verschlechterung nach kurzer Zeit und anschließend kontinuierliche Steigerung) entwickelt. Die drastische Verschlechterung wird durch zwei Faktoren erklärt: 1. sehr hohe Arbeitslast, 2. dreitägiger Systemausfall bei Einführung eines neuen IT-Systems. Es werden hohe Qualitätssicherungsstandards verfolgt. So wird z. B. viel häufiger eine risikoorientierte Selbsteinschätzung (internes Vieraugenprinzip) vorgenommen als vorgeschrieben und vereinbart. Aus Sicht des Providers sind folgende Faktoren maßgeblich für die Servicequalität: ▸ Hohes Maß an Kundenorientierung (Ausrichtung des eigenen Verhaltens am Kundenwunsch) ▸ eigenes Interesse an Qualitätskennzahlen ▸ Verständnis aller Belange des Kunden („Sitting in his chair") ▸ Projekte in time and budget ▸ Hohe Kompromissbereitschaft, proaktive Lösungsvorschläge (End-to-End-Denken und Kommunikation)

Servicequalität		Die Kundenzufriedenheit wird einmal im Jahr per Fragebogen erhoben. Der Provider macht proaktiv Verbesserungsvorschläge. So werden u. a. Anforderungen des Kunden gemeinsam verfeinert. Der Provider sieht in einigen Prozessschritten Optimierungspotenzial. So könnte der Automatisierungsgrad in bestimmten Prozessbestandteilen erhöht werden.

Tabelle 11. Übersicht über die Aussagen zur Servicequalität von Pärchen2

In Abbildung 6 – Abbildung 8 sind die Unterschiede der Ergebnisse der beiden dual untersuchten Outsourcingbeziehungen grafisch dargestellt. Ein Haken bedeutet, dass die Aussagen beider Unternehmen korrespondieren, ein Kreuz zeigt Unterschiede in den Aussagen beider Befragten zu der Dimension der Beziehungsqualität, den Einflussfaktoren oder zum Outsourcingerfolg an.

	Vertrauen	Kommunikations-qualität	Gegenseitiges fachliches Verständnis	Einflussmöglich-keit	Commitment	Konflikt	Konsens	Kongruenz	Flexibilität	Nachsicht
Pärchen1	✗	✓	✓	✗	✓	✓	✓	✓	✓	✗
Pärchen2	✓	✓	✗	✓	✓	✓	✗	✓	✓	✓

Abbildung 6. Zusammenfassung der Antwortergebnisse bezüglich der Beziehungsqualitätsdimensionen beider „Outsourcing-Pärchen"

	Interaktionsstruktur	Interaktionsintensität (formal)	Interaktionsintensität (informell)	Vertragsgestaltung	Kontrollsysteme
Pärchen1	✓	✓	✓	✓	✗
Pärchen2	✓	✓	✓	✓	✓

Abbildung 7. Zusammenfassung der Antwortergebnisse der Einflussfaktoren der beiden „Outsourcing-Pärchen"

	Outsourcingerfolg
Pärchen1	✗
Pärchen2	✓

Abbildung 8. Zusammenfassung der Ergebnisse bezüglich der Servicequalität beider „Outsourcing-Pärchen"

Zusammenfassend lässt sich festhalten, dass nur leichte Unterschiede zwischen den Parteien sowohl bei der Beziehungsqualität als auch bei den Einflussfaktoren gesehen werden. Die unterschiedlichen Einschätzungen des gegenseitigen Vertrauens in der Beziehung von Pärchen1 beziehen sich auf die Einbeziehung in die Strategieentwicklung des Partners. Hier wünscht sich der Provider frühzeitiger einbezogen zu werden, während der FDL den späten Zeitpunkt der Kommunikation von neuen Ideen für ausreichend erachtet. Bei anderen Elementen der Beziehungsqualität lassen sich Unterschiede in den Aussagen beider Parteien auch durch die unterschiedlichen Rollen, die der Provider als Dienstleiter und der FDL als Kunde einnehmen, erklären. Der FDL muss und wird sich immer als Kunde und den Provider zumindest in gewissem Maße als Lieferanten sehen. Dieses natürliche unterschiedliche Rollenverständnis führt zwangsläufig zu Abweichungen bei den Antworten, die nicht unbedingt auf tatsächliche Unterschiede zurückzuführen sind. So wird sich bspw. der FDL als Kunde allein aufgrund dieser Rolle auch immer in einer stärkeren Position gegenüber seinem Provider sehen („Ich zahle, also darf ich auch fordern"), woraus gerade bei Dimensionen von Beziehungsqualität, die unterschiedliche Machtverhältnisse beider Parteien beinhalten, abweichende Auffassungen voneinander auftreten können.

Anders sehen dagegen die Unterschiede bei eher objektiv erfassbaren Größen wie der Servicequalität aus. Während bei Pärchen1 die Wahrnehmung der Basisqualität übereinstimmt, bemängelt der FDL die unzureichende Entwicklung des Providers von der technischen zur prozessorientierten Ebene, die mangelnde Proaktivität sowie die Nichterfüllung zugesagter Leistungen. Zur Erklärung dieser Abweichungen kommen zwei Ansätze in Frage. Einerseits kann der Provider diese nicht schriftlich fixierten Erwartungen seines Kunden nicht ausreichend erfasst haben, sodass er sich dieser Bedarfe nicht hinreichend bewusst ist. Andererseits muss aber auch in Erwägung gezogen werden, dass der Provider sich dieser Wünsche seines Kunden bewusst ist, und diese entweder aufgrund mangelnder Erfahrung oder Ressourcen nicht erfüllen kann oder sie nicht erfüllen will, da er sich von einer Erfüllung dieser über die SLAs hinausgehenden Kundenwünsche keine ausreichende zusätzliche Vergütung oder andere Vorteile verspricht.

4.4 Vergleich der FDL- und der Providerperspektive

Aufbauend auf der Bewertung der Beziehungsqualität sowie der Einflussfaktoren durch die FDL (Kapitel 4.1) und Provider (Kapitel 4.2) sollen nun die Einschätzungen beider Seiten verglichen werden. Dazu werden die Bewertungen aus Tabelle 1, Tabelle 2, Tabelle 4 und Tabelle 5 kodiert. Die Bewertung einer Beziehungsqualitätsdimension bzw. eines Einflussfaktors mit „niedrig" bekommt eine Eins zugeordnet, mit „mittel" eine Zwei und mit „hoch" eine Drei. In Tabelle 12 sind die Durchschnittswerte der zehn Beziehungsqualitätsdimensionen über alle befragten FDL sowie über alle untersuchten Provider dargestellt. In zwei weiteren Spalten sind die Abweichungen der jeweiligen Durchschnittswerte vom Gesamtdurchschnitt über alle Dimensionen sowohl für die FDL als auch für die Provider angegeben.

	FDL	Delta FDL	Provider	Delta Provider
Vertrauen	1,88	-0,15	2,10	-0,23
Kommunikationsqualität	2,29	0,26	2,11	-0,22
Gegenseitiges fachliches Verständnis	2,00	-0,02	2,20	-0,13
Einflussmöglichkeit	2,00	-0,02	2,30	-0,03
Commitment	1,57	-0,45	2,89	0,56
Konflikt	2,00	-0,02	2,00	-0,33
Konsens	1,83	-0,19	2,56	0,23
Kongruenz	2,17	0,14	2,20	-0,13
Flexibilität	2,33	0,31	2,75	0,42
Nachsicht	2,17	0,14	2,20	-0,13
Gesamtdurchschnitt	2,02		2,33	

Tabelle 12. Durchschnittswerte der Beziehungsqualitätsdimensionen für FDL und Provider

Generell weichen gerade bei den FDL die einzelnen Durchschnittswerte der Beziehungsqualitätsdimensionen kaum voneinander ab. Die Werte liegen alle knapp ober- sowie unterhalb der Durchschnittswerte von 2,02 (FDL). Die Beziehungsqualitätsdimension Commitment liegt ein wenig unterhalb der ansonsten geringen Streuung. Viele der befragten Banken bewerten das Commitment ihres Providers als eher gering. Eine mögliche Erklärung hierfür kann sein, dass sich die FDL teilweise eine bessere Verfügbarkeit von Providerpersonal wünschen. Viele beurteilen ihre Beziehung zum Provider auch als weniger partnerschaftlich denn eher als ein Lieferantenverhältnis, in der der Provider in stärkerem Maße Ressourcen zur Verfügung stellen könnte. Auf der anderen Seite sticht bei den FDL die Kommunikationsqualität positiv hervor. Dies ist die Dimension, in der die Banken generell am zufriedensten sind.

Auf der Providerseite stellt sich die Bewertung der einzelnen Dimensionen etwas heterogener dar. Die einzelnen Durchschnittswerte streuen stärker um den Gesamtmittelwert von 2,33. Es fallen insbesondere zwei Werte ins Auge. Im Gegensatz zu den FDL schätzen die Provider ihr eigenes Commitment als eher hoch ein und weichen mit ihrer Aussage deutlich von der unterdurchschnittlichen Bewertung der FDL ab. Nahezu alle befragten Provider bewerten ihre eigene Bereitschaft, Personal und Sachressourcen zur Verfügung zu stellen, als sehr hoch. Diese Aussage stimmt auch mit der Bewertung der eigenen Flexibilität überein. Während die FDL die Flexibilität des Providers im Rahmen des Standardwarenkorbs noch als recht gut einschätzen, wird die Flexibilität außerhalb dieses Standardwarenkorbs als eher schlecht eingeschätzt. Auf der anderen Seite beurteilen dagegen nahezu alle Provider ihre Flexibilität als hoch, *gerade* auch bei Individualanfragen des Kunden.

Die Heterogenität bei der Bewertung der einzelnen Dimensionen zeigt noch einmal die Multidimensionalität und Vielschichtigkeit des Konstrukts der Beziehungsqualität. Unternehmen sollten im Rahmen eines aktiven Beziehungsmanagements diese Komplexität im Auge behalten und alle Dimensionen beobachten und aktiv positiv beeinflussen.

In der folgenden Tabelle 13 sind die Durchschnittswerte der Einflussfaktoren der befragten FDL sowie der untersuchten Provider dargestellt. Hier sind die Streuungen sowohl bei den FDL als auch bei den Providern eher gering. Allerdings bewerten die Provider im Durchschnitt die Ausprägung der untersuchten Einflussfaktoren etwas positiver als die FDL. Daneben fällt auf, dass die Provider die Vertragsgestaltung deutlich besser als die FDL einschätzen. Bis auf zwei Provider sind alle untersuchten Unternehmen der Ansicht, dass die Qualität ihrer Verträge überdurchschnittlich sei. Dies zeigt sich auch in der Aussage von P1, in dessen Outsourcingbeziehung die SLAs von einer unabhängigen Organisation als überdurchschnittlich bewertet wurden. Die FDL sind bei der Bewertung der Verträge zurückhaltender. Einer der Hauptgründe, die aus Sicht der FDL zu einer negativen Bewertung der Verträge führen, sind unzureichende SLAs.

	FDL	Delta FDL	Provider	Delta Provider
Interaktionsstruktur	2,13	0,00	2,40	0,08
Interaktionsintensität (formal)	2,13	0,00	2,20	-0,12
Interaktionsintensität (informell)	2,13	0,00	2,00	-0,32
Vertragsgestaltung	2,00	-0,13	2,80	0,48
Kontrollsysteme	2,25	0,13	2,20	-0,12
Durchschnitt Einflussfaktoren	2,13		2,32	

Tabelle 13. Durchschnittswerte der Einflussfaktoren für FDL und Provider

Zwei der untersuchten FDL beklagen, dass die SLAs nicht ausreichend sind. Allerdings sind andere FDL wiederum mit den in ihren Outsourcingbeziehungen genutzten SLAs zufrieden. Zusammenfassend lässt sich hier festhalten, dass die Provider sowohl die Beziehungsqualität als auch die Einflussfaktoren etwas besser als die untersuchten FDL bewerten. Dies lässt sich über die jeweils unterschiedliche Position der Unternehmen erklären. Ein Provider wird immer eher geneigt sein, als Dienstleister seine Beziehungsqualität als auch deren Steuerungsmechanismen in einem positiven Licht zu präsentieren, wohingegen der FDL als Kunde, der sich tendenziell nie vollständig mit einer vorhandenen Qualität zufrieden geben wird, eher eine restriktivere Position in der Bewertung einnehmen wird. Die Aussagen beider Seiten unterliegen also vermutlich einer gewissen Befangenheit, je nach Position des befragten Unternehmens in der Outsourcingbeziehung. Allerdings sei hier aber darauf hingewiesen, dass diese Abweichung der Einschätzungen je nach dem individuellen Standpunkt in dem vorliegenden Datensatz als sehr gering zu beurteilen ist. Zusätzlich dazu erlaubt die qualitative Analyse der Daten keine detaillierte statistische Auswertung, so dass die vorliegenden Ergebnisse nur als Tendenz bewertet werden können.

Abschließend soll nun der **Zusammenhang zwischen der Beziehungsqualität, der Art der Outsourcingbeziehung sowie dem Outsourcingerfolg** betrachtet werden. Abbildung 9 stellt diesen grafisch dar. Die Beziehungsqualität ist, wie die Art der Beziehung, auf der Abszisse dargestellt. Der Erfolg des Outsourcing wird durch unterschiedliche Farben illustriert – je dunkler die Einfärbung desto höher der Outsourcingerfolg. Die Bemessung der Beziehungsqualität sowie des Outsourcingerfolgs entlang der Achsen erfolgt analog der Darstellung in Kapitel 4.1.1 sowie 4.1.2. Die Unterscheidung der Art der Beziehung basiert auf der Arbeit von Fontenot und Wilson (1997), die unterschiedliche Arten von zwischenbetrieblichen Beziehungen in ein Kontinuum einteilen, das von der einmaligen Transaktion (Markt) bis hin zur vertikalen Integration beider Partner (Hierarchie) reicht. Die für eine Outsourcingbeziehung relevanten Teile des Kontinuums reichen vom relationalen Austausch (*relational exchange*) über die Partnerschaft (*partnership*) bis hin zur strategischen Allianz (*strategic alliance*) (Fontenot und Wilson 1997). Der *relationale Austausch* zwischen einem FDL und seinem Provider ist gekennzeichnet durch mehrfache Transaktionen über die Zeit hinweg. Charakterisierendes Differenzierungsmerkmal gegenüber unabhängigen Markttransaktionen ist der regelmäßige (soziale) Austausch zwischen beiden Parteien, der durch eine gegenseitige Einbindung beider Seiten sowie beginnende gemeinsame Planungen und Abhängigkeit gekennzeichnet ist. In einer *Partnerschaft* treten diese letzt genannten Elemente verstärkt auf. Von beiden Parteien können Vorteile aus der Beziehung wahrgenommen werden (z. B. Kosteneinsparungen, Effizienzsteigerungen, finanzielle Gewinne). Die Verhandlung von Preisen erfolgt weniger unter Einfluss des Marktes, als dieses beim relationalen Austausch passiert. Bei einer *strategischen Allianz* steht insbesondere das gemeinsame Streben nach einer Win-win-Situation für beide Parteien im Vordergrund. Die Beziehung ist auf Langfristigkeit ausgelegt und unterliegt kaum dem Einfluss des Marktes. Beide Seiten sind in hohem Maße gewillt, Ressourcen für die Beziehung bereitzustellen, um gemeinsam von dieser zu profitieren.

Die untersuchten FDL sind entsprechend dieser Aufteilung im Koordinatensystem in Abbildung 9 angeordnet.

Abbildung 9. Vergleich der Beziehungsqualität, der Art der Beziehung sowie des Outsourcingerfolgs für die untersuchten FDL

Zuerst fallen die Extrempositionen F6 und F4 auf, die als jeweils einzige im unteren rechten bzw. oberen linken Quadranten des Koordinatensystems positioniert sind. Bei F6 sind alle Dimensionen der Beziehungsqualität nur schwach ausgeprägt. Dies wird insbesondere bei dem von den untersuchten FDL als sehr wichtig erachteten Vertrauen sichtbar. F6 hat keinerlei Vertrauen mehr zu seinem Provider. Durch eine schlechte Servicequalität sowie durch mangelnde Kommunikation und Erreichbarkeit ist die vertrauensvolle Beziehung verloren gegangen. Beide Parteien tauschen zwar regelmäßig Leistungen aus, ohne dass aber wechselseitig Vorteile aus der Beziehung gezogen werden können. Die schlechte Servicequalität, die F7 erhält, ist geprägt durch sehr langsame Reaktionen bei Änderungswünschen des Kunden sowie ein unzureichendes Konfliktmanagement des Providers. Im Gegensatz dazu ist die Beziehung von F4 von einer hervorragenden Beziehungsqualität mit einem hohen gegenseitigen Vertrauen, sehr gutem fachlichem Verständnis sowie einem sehr geringen Konfliktpotenzial gekennzeichnet. Die Beziehung basiert auf einer strategischen Allianz beider Häuser, welche einerseits auf der Ausgründung des Providers aus F4 beruht, andererseits aber auch in der engen Zusammenarbeit beider Häuser begründet ist. Die ausgelagerten Prozesse werden gemeinsam bearbeitet und durchgeführt und neue Produkte werden in enger Abstimmung entwickelt. Die Servicequalität wird von F4 als hoch beschrieben, dabei wird insbesondere die Proaktivität des Providers hervorgehoben.

Weiterhin fallen in Abbildung 9, F1 und F5 auf, die im mittleren Quadranten beider Achsen positioniert sind, jedoch einen geringen bzw. hohen Outsourcingerfolg aufweisen. F1 konnte eine recht gute Beziehungsqualität mit seinem Provider erarbeiten. Die Beziehung ist im Wesentlichen partnerschaftlich, allerdings „leidet" F1 unter dem von der Mutterorganisation abgeschlossen Outsourcingvertrag. Die lokale Einheit hatte auf diesen Vertrag keinen Einfluss und berichtet von einer 30% langsameren Servicequalität bei gleichzeitig 30% höheren Kosten gegenüber der Zeit vor der Auslagerung. F5 hingegen hat im Vergleich zu den anderen befragten Unternehmen nur eine durchschnittliche Beziehungsqualität zu seinem Provider. Die Beziehung ist sehr formal, ein detaillierter Vertrag regelt anstelle von wechselseitigem Vertrauen die Beziehung. Zwar kann bei F5 im Wesentlichen von einer Partnerschaft gesprochen werden, allerdings ist der gegenseitige Nutzen, den beide Parteien aus der Beziehung ziehen, nur durchschnittlich. Die Servicequalität wird von F5 jedoch als hoch eingeschätzt. Nur die Reaktionsgeschwindigkeit des Providers auf Anfragen des Kunden (insb. bei Änderungswünschen) wird als noch verbesserungswürdig beurteilt. Allerdings unterliegt die Servicequalität bei F5 starken Schwankungen. Ein Jahr vor der Befragung war die Servicequalität deutlich schlechter („Hätten sie mich vor einem Jahr [nach der Servicequalität] gefragt, [hätte ich geantwortet], das ist alles Schrott was die liefern"). Alles in allem kann F5 den Erfolg des Outsourcing nur schwer bewerten, da „das keiner richtig nachgerechnet hat" und neben Kosteneinsparungen noch andere Faktoren (Technologiewechsel, Wachstum) relevant für die Auslagerungsentscheidung gewesen sind.

F7 und F2 liegen gerade jeweils an der Grenze zwischen zwei Quadranten. Die Beziehungsqualität von F7 sowie die Servicequalität sind beide durchschnittlich. Trotzdem kann die Beziehung nur an der Grenze zwischen einem relationalen Austausch und einer Partnerschaft eingeordnet werden. Zwar konnte F7 die gewünschten Kosteneinsparungen realisieren, ist aber insgesamt der dominante Teil in der Beziehung, die insgesamt sehr formal ist. Allerdings betont der Befragte, sich eine stärker partnerschaftlich geprägte Beziehung mit seinem Provider zu wünschen. F2 hingegen befindet sich mit seiner Beziehung an der Schwelle zwischen Partnerschaft und strategischer Allianz. Zwar ist die Beziehung auf lange Frist mit dem Ziel des Erreichens einer gemeinsamen Win-win-Situation ausgelegt, allerdings sind Teile der Beziehung noch recht formal (z. B. strikte Anwendung der vertraglichen Regelungen).

Im Folgenden wird auf einer detaillierteren Ebene untersucht, in welchen Dimensionen und Determinanten sich die Beziehungen der FDL unterscheiden. Weiter oben wurden drei FDL mit hohem und zwei FDL mit niedrigem Outsourcingerfolg identifiziert. Vergleicht man die jeweils durchschnittlichen Ausprägungen der einzelnen Dimensionen zwischen diesen beiden Gruppen (Tabelle 14), so zeigen sich die größten Unterschiede in den Dimensionen Kommunikationsqualität, gegenseitiges fachliches Verständnis, Kongruenz und Nachsicht. Die im Outsourcing erfolgreichen FDL weisen eine qualitativ hochwertigere Kommunikation auf und testieren ihrem Provider hohes bankfachliches Verständnis. Vergleicht man die beiden Extremgruppen zusätzlich mit den drei FDL, die im Mittelfeld liegen (in Tabelle 14 nicht dargestellt), dann zeigt sich, dass die Kommunikationsqualität dort auch noch hoch ist, das gegenseitige fachliche Verständnis aber schon von der Top-Gruppe zum Mittelfeld stark abfällt. Dies ist folglich die Dimension, die den größten Alleinstellungsfaktor für erfolgreiche Outsourcingbeziehungen aufweist. Als Folge der besseren Kommunikation und des ausgeprägten fachlichen Verständnisses ergibt sich schließlich in der Top-Gruppe eine stärkere Kongruenz in den Plänen und Projekten. Die erfolgreichen FDL weisen zudem eine geringere Nachsicht mit ihren Providern auf.

Mittelwerte	Vertrauen	Kommunikationsqualität	Gegenseitiges fachliches Verständnis	Einfluss	Commitment	Konflikt	Konsens	Kongruenz	Flexibilität	Nachsicht
Gruppe „hoher Erfolg“	2,0	2,7	2,7	2,3	2,0	2,3	2,0	2,7	2,5	1,5
Gruppe „niedriger Erfolg“	1,5	1,5	1,5	1,5	1,5	1,5	1,0	1,5	2,0	3,0
Differenz	0,5	**1,2**	**1,2**	0,8	0,5	0,8	1,0	**1,2**	0,5	**-1,5**

Tabelle 14. Vergleich der Beziehungsqualitätsdimensionen zwischen FDL mit hohem und niedrigem Outsourcingerfolg[3]

Schaut man sich die der Beziehungsqualität zugrunde liegenden *Determinanten* nach diesem Muster an, so lässt sich als wesentlicher Unterschied festhalten, dass die erfolgreichen Banken eine deutlich höhere Interaktionsintensität bezüglich Meetings mit dem Provider haben; weiterhin weist die Top-Performer-Gruppe eine anforderungsgerechtere Vertragsgestaltung auf.

Zusammenfassend kann betont werden, dass bei den untersuchten FDL ein recht klarer positiver Zusammenhang zwischen der Beziehungsqualität, der Art der Beziehung sowie dem Outsourcingerfolg zu beobachten ist. Ohne eine gute Beziehungsqualität, in Kombination mit einer partnerschaftlichen Beziehung, kann kaum ein hoher Outsourcingerfolg erreicht werden. Die FDL sollten daher gezielt an der Beziehungsqualität arbeiten und versuchen, eine partnerschaftliche Beziehung zu erreichen (die natürlich immer auf einem soliden Vertrag basieren muss), um ihr Auslagerungsvorhaben erfolgreich zu gestalten.

In der folgenden Abbildung 10 werden die untersuchten Provider im Beziehungsqualität/Beziehungstyp-Diagramm dargestellt. Im Gegensatz zu Abbil-

[3] Die in den Tabellen 1 bis 5 angegebenen Niveaus wurden analog zum Vorgehen in Tabelle 12 in Werte von 1,2,3 transformiert. Auf dieser Basis wurden für die einzelnen Dimensionen und Gruppen Mittelwerte kalkuliert.

dung 9 kann in diesem Koordinatensystem nur die Beziehungsqualität sowie die Art der Beziehung präsentiert werden, da eine valide Erhebung des Outsourcingerfolgs nur bei den jeweiligen Kunden, nicht aber vom Provider selbst, vorgenommen werden kann. Besonders auffällig sind in dieser Darstellung P3 und P4, die beide eine hohe Beziehungsqualität aufweisen.

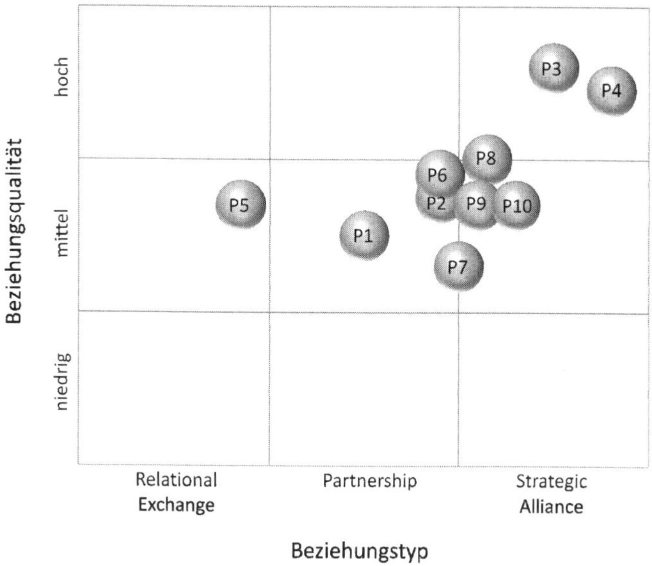

Abbildung 10. Vergleich der Beziehungsqualität sowie der Art der Beziehung für die untersuchten Provider

Unter den befragten Providern hat P3 eine der langjährigsten Beziehungen zu seinem Kunden, die von tiefem gegenseitigen Vertrauen und Wertschätzung geprägt ist. So hat der Kunde von P3 in der Anfangsphase der Beziehung aktiv die Leistungen des Providers selbst gemessen, diese Kontrollen aber im Laufe der Beziehung verringert. Beide Unternehmen haben zusätzlich bei der letzten Vertragsverlängerung gezielt auf die Definition von Pönalen verzichtet, da dieser Mechanismus in dieser Beziehung als „nicht mehr nötig erachtet“ wird. P4 genießt als Ausgründung von F4 eine besondere Position (siehe 4.3). Dies zeigt sich u. a. auch in der gegenseitigen Beziehung. P4 und sein Kunde haben eine enge und vertrauensvolle Beziehung, in der beide Seiten „gegenseitig aufeinander achten".

Neben diesen beiden Providern mit einer sehr engen Beziehung fällt ebenfalls P5 auf. Obwohl die Beziehungsqualität insgesamt durchschnittlich ausgeprägt ist, lässt sich die Art der Zusammenarbeit mit dem Kunden nur als Typ *relationaler Austausch* einordnen. Der Befragte erklärt dies über die unterschiedliche Einschätzung der Bedeutung der Beziehung zwischen ihm und der Unternehmensführung. Aus Sicht des Befragten ist diese Beziehung in Bezug auf den Umsatz die Bedeutendste im Finanzsektor in Zentraleuropa, während die Unternehmensführung deren Wichtigkeit für das eigene Haus als deutlich geringer einschätzt.

Ähnlich wie bei den FDL ist ein positiver Zusammenhang zwischen der Beziehungsqualität und der Art der Beziehung zu erkennen. Eine strategische Allianz geht mit einer hohen Beziehungsqualität einher.

Interessanterweise fällt in Abbildung 10 auf, dass im Vergleich zu Abbildung 9 die Provider sowohl die Beziehungsqualität als auch die Art der Beziehung tendenziell höher als die befragten FDL einschätzen. Diese Beobachtung wird durch die beiden „Outsourcing-Pärchen" in Abschnitt 4.3 gestärkt. Betrachtet man deren Einschätzung der Beziehungsqualität sowie der Art der Beziehung fällt auf, dass beide Provider beide Werte besser einschätzen, als ihre Kunden.

5 Managementempfehlungen

Im Fokus der vorliegenden Studie lag die Untersuchung der Beziehungsqualität zwischen IT-auslagernden Finanzdienstleistern und deren Providern. Als spezialisiertes Haus begleitet die microfin Unternehmensberatung seit Jahren erfolgreich Unternehmen dieser Branche bei der Gestaltung ihrer IT-Outsourcing-Vorhaben und den damit verbundenen Fragen und Aufgabenstellungen. Neben der Beratung zur strategischen Sourcingausrichtung unterstützt microfin die Mandanten vor allem bei der Anbahnung und Umsetzung von IT-Outsourcing-Vorhaben. Dies umfasst insbesondere auch Beratungsmandate, die die Zusammenarbeit zwischen auslagerndem Unternehmen und Provider zum Gegenstand haben.

Diese Studie zeigt, dass sowohl auslagernde Finanzdienstleister als auch deren Provider der gemeinsamen Beziehung eine maßgebliche Bedeutung bei der Bewertung des Outsourcings beimessen. Die Qualität der Beziehung wurde dabei in den folgenden Kategorien von den Finanzdienstleistern und Providern bewertet: Vertrauen, Kommunikationsqualität, fachliches Verständnis, Einflussmöglichkeit, Commitment, Konflikt, Konsens, Kongruenz, Flexibilität und Nachsicht. Dabei wird auch deutlich, welche Bedeutung die Einflussfaktoren Interaktionsstruktur, formale und informelle Interaktionsintensität, Vertragsgestaltung und Kontrollmechanismen auf die Beziehung haben.

Interessant sind im Detail die teils unterschiedliche, teils gleichgerichtete Einschätzung der auslagernden Unternehmen und ihrer Provider. Dies begründet sich nach unserer Einschätzung in der Wahrnehmung der jeweils unterschiedlichen Ausgangsrollen und Blickwinkel auf die Aufgaben, Motivationen und Ziele des IT-Outsourcings. Wer IT-Outsourcing erfolgreich umsetzen will, sollte zwingend Verständnis für die Sichtweise des jeweils anderen Partners auf den IT-Outsourcing-Deal entwickeln – und sich selbst in seinen Kompetenzfeldern realistisch einschätzen. Im Idealzustand spricht man dann von einer „Kongruenz der Interessenslagen“, die jedoch zugegebenermaßen nicht leicht zu erreichen ist. Um richtig agieren zu können, müssen sich beide Partner über ihre eigenen Positionen und die geplante Zielsituation im Klaren sein und diese dem Gegenüber vermitteln. Umgekehrt muss die jeweils andere Sichtweise verstanden und möglichst auch akzeptiert werden. Dies setzt Vertrauen voraus. Vertrauen zwischen Unternehmen bedeutet, dass Menschen aus unterschiedlichen Häusern und Führungsebenen einander offen gegenübertreten und fair miteinander umgehen. Nur so wird sich die erhoffte Win-win-Situation einstellen.

Aus Sicht der microfin Unternehmensberatung ergeben sich hieraus entlang des Outsourcing-Lebenszyklus (Vorbereitung/Providerauswahl – Transition/Transformation – Steuerung/Betrieb – Beendigung) besonders hervorzuhebende Aspekte und Handlungsempfehlungen, die im Folgenden diskutiert werden.

5.1 Vorbereitung und Providerauswahl

IT-Outsourcing hat für Finanzdienstleister mehr und mehr an Bedeutung gewonnen und es gibt wohl kaum ein Institut, das diesen Weg – und wenn auch nur in Teilen – nicht beschreitet.

Trotzdem scheint es vor allem aus der Beratererfahrung angezeigt, den Start in ein Outsourcing dezidiert zu betrachten. Hier sind drei wesentliche Handlungsfelder hervorzuheben:

- Fundierte Vorbereitung des Outsourcingvorhabens
- Berücksichtigung und Beurteilung des „cultural fits" im Auswahlverfahren
- Formulierung eines strukturierten Vertragswerks für das Outsourcing

Vorbereitung des auslagernden Instituts auf das Outsourcing

Die Vorbereitung des auslagernden Finanzdienstleisters auf ein IT-Outsourcing ist insofern relevant, als einerseits die auszulagernden Leistungen in ihrer spezifischen Ausgestaltung (Prozesse, Strukturen, organisatorische Schnittstellen, Systeme) klar und eindeutig zu beschreiben sind. Andererseits muss der Finanzdienstleister, unter anderem auch aus regulatorischer Sicht, die Steuerungshoheit (Qualität, Kosten, Sicherheit, Risiken) über den Provider behalten und – so ein Ergebnis dieser Studie – auch die Beziehung zum Provider gestalten.

Grundlage und Basis eines gut vorbereiteten Outsourcingvorhabens ist eine IT-Sourcing-Strategie, in der u. a. folgende Aspekte behandelt werden:

- Auszulagerndes Leistungsfeld (z. B. Anwendungsentwicklung, Betrieb von Servern oder Netzen)
- Selbstverständnis und Motivation des Outsourcings (z. B. Konzentration auf Kernkompetenzen, Know-how-Defizite, Kostensenkung, Globalisierung der Leistungserbringung, Qualitätssteigerung)
- Form der Auslagerung (von Outtasking bis zu Betreibermodellen)
- Sourcingmodell (Single-, Dual oder Multi-Provider)
- Shoringmodell (onsite, on-, near- oder offshore)
- Bevorzugte Providerpositionierung (Fabrik vs. Manufaktur)
- Reorganisationen (zur Vorbereitung eines „Personalübergangs im Ganzen")
- Outsourcing-Governance (Retained Organisation, Kontroll-, Steuerungs- und Beziehungsstrukturen)
- Rahmenparameter zu Kosten, Risiken und Qualität der auszulagernden Leistungen

Vorbereitend für weitere Schritte empfiehlt es sich für das auszulagernde Leistungsfeld einen sogenannten „Outsourcing-Readiness-Check" durchzuführen, in dem geprüft wird, ob der Finanzdienstleister im betreffenden Leistungsfeld für ein Outsourcing reif ist, bzw. welche Maßnahmen hierzu ergriffen werden müssen. Fragen, die hierzu beantwortet werden sollten, sind u. a.:

- Ist für das Leistungsfeld ein Service- und Produktwarenkorb definiert?
- Ist die Kostenbasis bekannt?
- Sind die Leistungen klar definiert und abgegrenzt?

Desweiteren sind für das auszulagernde Leistungsfeld konkrete Rollen, Funktionen, Prozesse, Systeme und Schnittstellen zum Provider zu spezifizieren. Insbesondere bei geplanten Mitarbeiterübergängen sind Reorganisationen, soweit möglich, bereits operativ umzusetzen, solange die Leistungserbringung noch nicht übertragen ist. Hintergrund ist, dass eine gute aufbau- und ablauforganisatorische Strukturierung und Standardisierung den Erfolg einer Auslagerung positiv beeinflusst.

Der fachlich-inhaltliche Aspekt dieses Anspruchs ist bekannt. Die Studie bestätigt diesen Zusammenhang. Finanzdienstleister, die ohne klar definierte und beschlossene IT-Sourcing-Strategie sowie ohne saubere Strukturierung des Leistungszuschnitts auslagern, erzielen häufig eine geringere Servicequalität als beabsichtigt. Parallel dazu gestaltet sich die Beziehung. Die Auslagerung von „Problemen" führt zwangsläufig zu einer niedrigen Beziehungsqualität, da naturgemäß die Problemlösung durch den Provider die zentrale Erwartungshaltung des Finanzdienstleisters ist, der Provider jedoch das Leistungsfeld i. d. R. „as is" (also so wie im bisherigen Betrieb) übernimmt und in erster Linie die reinen Transitionsaufgaben im Vordergrund stehen, bevor eine Problemlösung durch eine Transformation angegangen werden kann. Der Provider kann also in der Folge die Servicequalität erst sehr viel später heben. Im Ergebnis sind die Erwartungen enttäuscht. Konflikte sowie mangelndes Vertrauen aufgrund des gefühlten Leistungsniveaus erschweren dann die tägliche Zusammenarbeit.

Hieraus lassen sich folgende grundlegende Empfehlungen ableiten:

- Das auslagernde Unternehmen muss sich inhaltlich vorbereiten:
    - Definition einer IT-Sourcing-Strategie
    - Durchführung eines Outsourcing-Readiness-Checks und Abarbeiten der Handlungsfelder
    - Präzise, vollständige und plausible Dokumentation von Prozess-, Rollen-, Funktions- und Ergebnisbeschreibungen vor allem an den zukünftigen Schnittstellen zum Provider
    - Reorganisation während der eigenen Leistungsverantwortung

Der neue Aspekt, den viele Unternehmen leidvoll bei erstmaligem Outsourcing erfahren haben, ist die Bedeutung von Steuerung und Beziehungsqualität. Die Steuerung wird in einem ersten Schritt bereits durch ein Providermanagement und entsprechende Governancestrukturen umgesetzt, wobei operative und strategische Ebenen eingeschlossen sind. Der wesentliche Schritt zum Erfolg im Outsourcing – und das zeigen sowohl diese Studie als auch die Beratungserfahrung – ist, der Ausgestaltung der künftigen Beziehung zwischen auslagerndem Unternehmen und Provider von Beginn an die notwendige Aufmerksamkeit zu widmen. Zielsetzung ist es ein kooperatives Beziehungsmanagement zu etablieren.

Nicht nur die „klassischen" Stellhebel (Leistung, Preis, Pönale), sondern eine intakte Beziehung zwischen auslagerndem Finanzdienstleister und Provider bestimmen maßgeblich den Erfolg des IT-Outsourcings. Die Qualität der Beziehung lässt sich über die gegenseitige Einschätzung zu den in dieser Studie vorgestellten zehn Dimensionen (Vertrauen, Kommunikationsqualität, fachliches Verständnis, Einflussmöglichkeit, Commitment, Konflikt, Konsens, Kongruenz, Flexibilität und Nachsicht) und die Bewertung der Einflussfaktoren (Interaktionsstruktur, formale und informelle Interaktionsintensität, Vertragsgestaltung und Kontrollmechanismen) greifbar machen.

Zur Festigung und Erhöhung der Beziehungsqualität im IT-Outsourcing müssen auf allen Managementebenen belastbare Beziehungen gebildet werden. Dies beginnt bereits in der Anbahnungsphase eines Outsourcings und muss fortwährend gepflegt werden.

Zentrale Erfolgsfaktoren für die Ausbildung einer ordentlichen Beziehungsqualität sind:

- Alle Managementebenen des Finanzdienstleisters sehen den Provider nicht als reinen Befehlsempfänger, sondern als ebenbürtigen Partner an.
- Die „Retained Organisation" bleibt gegenüber ihren internen Kunden verantwortlich für das ausgelagerte Leistungsfeld.
- Bei Ausfällen und Qualitätseinbußen erfolgen innerhalb des Finanzdienstleisters keine Schuldzuweisungen in Richtung des Providers.

Die Auswahl des Providers

Durch die Auswahl des Providers werden für eine längere Periode Festlegungen getroffen, die auch über die eigentliche Vertragslaufzeit hinaus wirken können.

In dieser Phase prägen sich Bilder: Einige der im Rahmen der Studie befragten Finanzdienstleister beklagen eine schlechte Qualität ihrer ausgelagerten IT-Services. Bei näherer Betrachtung zeigt sich, dass die vom auslagernden Unternehmen erwartete Servicequalität sich häufig aus den Versprechungen des Provider-Sales-Teams in der Anfangsphase der Beziehung heraus gebildet hat. Versprach der Provider z. B. eine überdurchschnittliche Leistung, erwartete das auslagernde Unternehmen genau diese im späteren Verlauf der Beziehung ohne die Transitionsphase zu berücksichtigen. Weicht die tatsächliche Leistung von der Versprochenen dann ab und konnte der Provider somit sein Leistungsversprechen nicht erfüllen, wird die vom Provider beim auslagernden Unternehmen erzeugte Erwartungshaltung enttäuscht, was i. d. R. nur durch überdurchschnittliche Leistung über eine längere Zeit kompensiert werden kann. Ein aktives Management der Erwartungshaltungen ist also bereits in dieser Phase notwendig. Erwartungshaltungen lassen sich wiederum leichter austauschen, wenn der kulturelle Unterschied zwischen Finanzdienstleister und Provider möglichst gering ist.

Wie aber lässt sich während eines Ausschreibungsverfahrens, in dem häufig mit mehreren Providern gleichzeitig gesprochen wird, der „cultural fit“ bewerten?

Primär muss das Ausschreibungsteam des Finanzdienstleisters diese Facette in sein Bewertungsverfahren einbeziehen. Etabliert ist die Bewertung der Anbieter über eine Bewertungsmatrix, die fachliche und betriebswirtschaftliche Fragestellungen umfasst. Hier werden die Anbieter im Verlauf der Ausschreibungs- und der Due-Diligence-Phase nach einem im Vorfeld festgelegten Raster inkl. Gewichtung bewertet. Üblich sind hier Parameter wie z. B. Lösungskompetenz, Leistungsfähigkeit, Finanzen, Chancen und Risiken. Letztere sind schon aus regulatorischer Sicht notwendig.

Diese Bewertungsmethodik muss um „weiche Faktoren" erweitert werden, die es ermöglichen, den „cultural fit" abzuschätzen und dadurch möglichst zu objektivieren, auch wenn dies – insbesondere in größeren Teams – immer eine Frage der persönlichen Sympathie oder Antipathie ist.

Neben der Sympathie-Frage spielt auch das gegenseitige Vertrauen für die spätere Beziehung eine wichtige Rolle (Paare heiraten ja auch nicht, wenn sie einander nicht vertrauen).

Wie aber kann Vertrauen in der Ausschreibungs- oder Due Diligence-Phase, die primär von einer Konkurrenzsituation geprägt ist, geschaffen werden?

Aus Beratungserfahrung stellt sich Vertrauen genau dann ein, wenn der Provider exakt verstanden hat, was der Finanzdienstleister auszulagern beabsichtigt und der Finanzdienstleister ein gutes Gefühl für das später zu liefernde Preis-Leistungs-Verhältnis entwickelt.

Transparenz ist hier der Erfolgsfaktor. Konkret hat sich hier beispielsweise der Verzicht auf „stereotypische preisdrückende Runden mit strategischen Einkäufern" und die Substitution durch eine qualifizierte fachliche Kostentreiberdiskussion mit den Providern auf Basis einer komponentenbasierten Preiserhebungstabelle durchgesetzt.

Flankierend zu den Vertragsverhandlungen werden auf Basis dieser komponentenbasierten Preiserhebungstabellen mit den Anbietern in der Due Diligence „fachliche Preisdiskussionen" in Form von Workshops geführt, deren Zielsetzung das Verständnis der ausgeschriebenen Leistung und die Identifikation von Kostentreibern und Kostensenkungspotenzialen ist. Basierend auf den Ergebnissen aus diesen Workshops werden im Verlauf der Due Diligence für alle Anbieter verbindlich über das sogenannte „fact book" die vom Request for Proposal abweichenden Regelungen hinsichtlich Leistungen und Qualitäten sowie kaufmännischen Aspekten kommuniziert, sodass diese finale, kostenoptimierte und bedarfsorientierte Angebote stellen können.

Die Erfahrung zeigt, dass durch die differenzierte Diskussion um Kostenkomponenten auf fachlicher Ebene auf beiden Seiten, also sowohl beim Finanzdienstleister als auch beim Provider ein sehr tiefes Verständnis der zu liefernden Leistungen und deren Abgrenzungen erlangt wird. Das spart Kosten und erzeugt Verständnis und Vertrauen, welches wiederum die Grundlage einer guten Beziehung ist.

Der IT-Outsourcing-Vertrag

In der Vertragsgestaltung gilt zum einen die Erkenntnis, dass nicht alle Eventualitäten der Zukunft beschrieben werden können, zum anderen muss aber ein Mindestmaß an Klarheit fixiert werden.

Sicherlich müssen auf Rahmenvertragsebene Standardvereinbarungen wie z. B. Vertragspartner und Vertragsstruktur, Leistungsempfänger, einzuhaltende Standards und Regularien, Beistell- und Mitwirkungsleistungen, Vergütung und Vertragsbedingungen ausreichend konkret und umfassend die Dienstleistungsbeziehung fixieren. Als zentraler Erfolgsfaktor muss jedoch die eigentliche Leistungserbringung in Form von Prozess- und Leistungsbeschreibungen strukturiert und abschließend beschrieben werden, um Interpretationsspielräume und spätere Diskussionen zwischen den Vertragspartnern zu vermeiden.

Bewährt hat sich hinsichtlich der Beschreibung der Leistungen eine 3-Ebenen-Struktur aus Managed Services, Leistungen, Leistungselemente mit ihren Merkmalen und korrespondierenden SLAs (Abbildung 11).

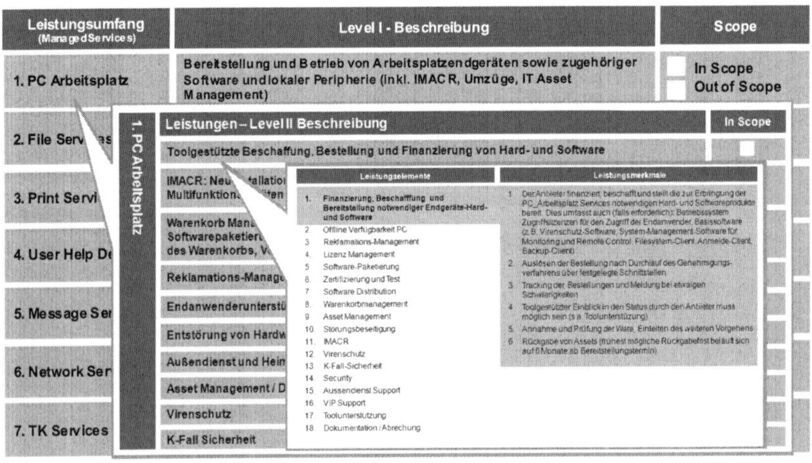

Abbildung 11. 3-Ebenen-Struktur der Leistungsbeschreibung am Beispiel Desktop-Services

Ergänzend sollte sich im Rahmenvertrag ein Kapitel der Governance (Kontroll- und Steuerungsstrukturen und -prozesse) von der operativen und damit tagesaktuellen bis hin zur strategischen Top-Management Ebene widmen.

Ebenso notwendig ist ein Kapitel für Regelungen bei Vertrags- und Preisanpassungen und zur Vorgehensweise bei identifizierten Lücken, das klärt, wie der Vertrag beispielsweise nach seinem Wortlaut oder nach seinem Sinn und Zweck auszulegen ist, bevor eine (kosten- und damit konfliktträchtige) Vertragsänderung in die Wege geleitetet wird.

Erfolgsfaktor und Zielsetzung ist somit generell die vorausschauende Vermeidung von Konfliktpunkten bzw. die Festlegung von Regelungen, wie mit Konflikten umzugehen ist.

In der eigentlichen „Betriebsphase“ rückt jedoch ein anderer Erfolgsfaktor in den Vordergrund: Die regelmäßige Kommunikation der Leistungsvereinbarungen und des Vertrages. Allen Beteiligten müssen auf beiden Seiten der Umfang der Leistungen und die Abgrenzungen, Beistellleistungen bzw. die Leistungsübergabepunkte kommuniziert werden. Aus Erfahrung empfiehlt sich hier insbesondere in den ersten Monaten der Dienstleistungsbeziehung die Durchführung von Roadshows beim Finanzdienstleister und auch beim Provider (gerade hier ist das Verständnis insbesondere bei querschnittsorientierten Leistungsbestandteilen meist nicht gegeben). Aber auch in späteren Phasen der Dienstleistungsbeziehung ist die Wiederholung der Roadshows in regelmäßigen Abständen nützlich und trägt aktiv zum Management der Erwartungshaltungen auf beiden Seiten bei, wie auch die aktuelle Studie belegt.

5.2 Transition / Transformation

Die Transition und Transformation stellt insbesondere das auslagernde Unternehmen vor eine große Herausforderung. Die Durchführung der Übergangsphase, in der das Leistungsfeld vom auslagernden Unternehmen an den Provider (bei First Generation Outsourcing) oder vom bisherigen an den neuen Provider übergeben wird (bei Next Generation Outsourcing), empfindet das auslagernde Unternehmen nicht selten als „Marsch durch das Tal der Tränen“. Bisher „eingeübte“ Abläufe verändern sich und die Servicequalität entspricht in dieser Phase oft noch nicht den Erwartungen des auslagernden Unternehmens. Die beteiligten Personen auf allen Hierarchieebenen müssen sich erst noch kennen lernen und die Prozesse sowie Arbeitsweise der jeweils anderen Seite verstehen.

Allerdings berichten nahezu alle befragten auslagernden Unternehmen und deren Provider, dass die Qualität der erbrachten IT-Leistungen während der Outsourcingbeziehung konstant zunimmt und die schwierige Übergangsphase der Transition und des „Tals der Tränen" nach durchschnittlich etwas über einem Jahr abgeschlossen ist.

Nach Erfahrungen der microfin haben diejenigen, die einen sogenannten Transitions- und Transformationsvertrag definiert haben, in der Regel das Tal der Tränen weniger ausgeprägt erlebt. Zielsetzung eines Transitions- und Transformationsvertrags ist die für den Finanzdienstleister wichtigen einmaligen Leistungen und Ergebnisse des Change Management Prozesses in der Übergabe-Phase vom Eigenbetrieb zum Provider oder vom Alt-Provider zum Neu-Provider zu festgelegten Terminen zu beziehen. Ein solcher Vertrag ermöglicht formale Abnahmen, gibt Planungssicherheit und fördert somit die koordinierte Übergabe der Verantwortung für das entsprechende Leistungsfeld. Empfohlen wird innerhalb einer vom Finanzdienstleister vorgegebenen Roadmap die Termine für die Einzellieferung von Ergebnissen in diesem Vertrag vom Provider selbst noch vor Vertragsunterzeichnung beplanen zu lassen und diese Termine bei festgelegten und abgestimmten Abnahmekriterien dann mit der Vertragsunterzeichnung zu fixieren. Das gibt auf beiden Seiten die notwendige Planungssicherheit und ermöglicht das beidseitige Management von Erwartungshaltungen. Wenn dann auch noch der festgelegte „Fahrplan" eingehalten wird, stellt sich auch schnell Vertrauen ein.

Die Beziehungsqualität kann somit über vertrauensbildende Maßnahmen positiv beeinflusst werden. Zu diesen Maßnahmen zählen:

- ein Transitions- und Transformationsvertrag mit einer realistischen Planung (Termine, Aufwände für Beistellungen)
- das paritätische Besetzen der Projektaufbauorganisation für die Transition als Schlüssel zu einem „gemeinsamen" Erfolg

- der frühzeitige Aufbau der Governance-Strukturen und die verbindliche Benennung von Verantwortlichkeiten auf beiden Seiten
- die klare Trennung von Projekt und Betrieb bereits in der Transitionsphase
- ein stringentes auf die Einhaltung von Plänen und Zusagen fokussiertes Projektmanagement
- ein begleitendes Change-Management mit kommunikativen Elementen (Projektmarketing, um innerhalb des auslagernden Unternehmens Verständnis für das „Tal der Tränen“ herzustellen und Inhalte der vertraglichen Vereinbarungen zu transportieren)

5.3 Steuerung und Betrieb

Während des Betriebs des ausgelagerten Leistungsfeldes zeigt sich dann im Alltag und über die Zeit, wie erfolgreich das Outsourcing wirklich ist.

Die Studienergebnisse zeigen, dass entgegen der allgemeinen Erwartung die Überprüfung der ausgelagerten Leistungen des Providers durch den Finanzdienstleister nicht das Wachsen einer Vertrauensbeziehung behindert. Im Gegenteil: Bis zu einem gewissen Grad wirkt die Überprüfung sogar unterstützend, da der Finanzdienstleister anhand der Leistungsmessung die Dienste des Providers schließlich exakt überwachen und somit (evtl. anfängliches) Misstrauen abbauen kann. Das ermöglicht dann die sogenannte „Objektivierung von Bauchgefühlen“ bei den internen Kunden des Finanzdienstleisters. Diese Objektivierung war meist vor der Auslagerung nicht vorhanden, da die interne Leistungserstellung i. d. R. nicht gemessen wurde, und wird von den meisten auslagernden IT-Abteilungen als Fortschritt und Verbesserung empfunden.

Der Tag, an dem eine den Geschäftsbetrieb des Finanzdienstleisters beeinträchtigende Störung kommt, unterliegt trotz aller Fehlertoleranzen und technischen Vorkehrungen nicht der Frage des „Ob“, sondern nur des „Wann“. In solchen Situationen kommt es dann darauf an, nicht die Eskalation, sondern die Situation zu managen.

Im Falle solcher Eskalationen ist es hilfreich, zwischen den handelnden Schlüsselfiguren ein (möglicherweise auch inoffizielles) Verfahren festgelegt zu haben und dieses auch so zu leben, dass es „abgestimmte Eskalationen“ ermöglicht. Dies meint im Wesentlichen ein Avis auf gleicher Governance-Ebene um zu klären, was, wann, warum und wie auf Seiten des Finanzdienstleisters eskaliert wird. Nur so hat der Provider – wiederum in seiner Eskalationsfolge – die Chance lösungsorientiert zu agieren und nicht sein eigenes Management „besänftigen“ zu müssen. Wird diese Praxis nicht verfolgt, führt dies unweigerlich in unkontrollierte und damit kontraproduktive Einschaltung der Hierarchien. Hierdurch wird auf beiden Seiten mehr Zeit und Kraft in die Absicherung der eigenen Handlungen statt in die konkrete Störungsbeseitigung investiert. Hier ist vor allem auf Seiten des Finanzdienstleiters kooperatives Steuern insbesondere auf operativer Ebene zu trainieren und das Verständnis für die gemeinsame Verantwortung in Bezug auf die Leistungserbringung zu fördern.

Indem bei Leistungsverfehlungen nicht „jede Pönale gezogen wird“, sondern mit solchen Verfehlungen auch einmal nachsichtig umgegangen wird und gemeinsam „Leichen begraben“ werden, können die Partner gegenseitiges Vertrauen schaffen.

Flexibilität des Providers ist für das auslagernde Unternehmen sehr wichtig. Die Provider betonen diese Wichtigkeit ebenfalls. Es ergibt sich jedoch in diesem Bereich die auffälligste Diskrepanz in den Wahrnehmungen der Realität. Anders dagegen sieht es beim vielgerühmten Commitment aus. Darunter wird ein Verhalten des „guten Willens“ mit z B. kostenfreien Leistungen verstanden. Aus der Studie zeigt sich, dass die Provider weder solch ein Verhalten gegenüber ihren Kunden zeigen, noch dass die Kunden „Geschenke“ in Form von unbezahlten Leistungen erwarten. Die Beratungserfahrung zeigt jedoch klar, dass „good will“ seitens der Finanzdienstleister durchaus erwartet wird. Jedoch muss an dieser Stelle frühzeitig – möglichst bereits während der Sales-Phase – auf Seiten des Finanzdienstleisters die Akzeptanz geschaffen werden, dass der Provider mit seinen Services und Leistungen Geld verdienen muss.

Um die Beziehung zum Provider zu bewerten, hat sich bewährt, die Beziehungsqualität in regelmäßigen Abständen möglichst durch einen „unabhängigen Dritten“ prüfen zu lassen und Stellhebel zur Verbesserung zu identifizieren. Auch die strategische Bewertung des Providerportfolios hinsichtlich Leistungsfähigkeit, Kosten- und Risikopositionierung der einzelnen Provider und die Festlegung von Zielszenarien, in die man einzelne Provider entwickeln will, hilft bei der Festlegung, mit welchen Providern die Beziehungen zu vertiefen sind. Eine Verbesserung von Vertrauen, Flexibilität und Commitment kann neben einer gelebten Governancestruktur auch über die offene Ansprache des Themas Beziehungsqualität und die gemeinsame Arbeit an deren Verbesserung gelingen.

Der gemeinsame Austausch und die Fortentwicklung der Beziehung prägt die Win-win-Situation bzw. fördert die Kongruenz der Interessenslagen. Eingebunden sind dabei die operativen Ebenen ebenso wie das Management beider Partner. Aktivitätsfelder sind hier u. a. paritätisch besetzte Projekte, Know-how-Transfer, SWOT-Analysen, Diskussionsrunden zu aktuellen Trends und eine gemeinsame Strategieentwicklung, ebenso wie Hospitationen. Hierzu zählt auch eine kontinuierliche Fortführung von Roadshows, um einerseits die Awareness auf der Providerseite für die Leistungserbringung und den Kunden aufrecht zu erhalten und andererseits die Erwartungshaltung des Finanzdienstleisters an die Leistungserbringung im vereinbarten Rahmen zu halten. Solche Maßnahmen werden jedoch leider nur zu einem relativ geringen Anteil eingesetzt, obwohl dadurch neben dem reinen Austauschen von Fakten eben auch die persönlichen Beziehungen gefördert würden.

Ein praktischer Ansatz, die Beziehungsqualität auch über informelle Kommunikation zu steigern, ist es, diese überhaupt erst möglich zu machen. Am besten gelingt dies durch die Erhöhung der Vor-Ort-Präsenz des Providers, d. h. durch die Etablierung eines Providermanagementbüros, das im Haus des Kunden eine kontinuierlich besetzte Anlaufstelle darstellt. Dann kann es auch zu Flurgesprächen, zu gemeinsamen Mittagessen und freundschaftlichen Beziehungen kommen.

5.4 *Beendigungsmanagement für das IT-Outsourcing*

Das Beendigungsmanagement ist die abschließende Phase im Lebenszyklus des IT-Outsourcings.

Ziel ist das kontrollierte und ordnungsgemäße Vorgehen bei Beendigung von Outsourcingverhältnissen, um den unterbrechungsfreien und zuverlässigen IT-Betriebsübergang von einem Alt- zum Neubetreiber (oder im Fall eines Backsourcing zurück zum auslagernden Unternehmen) zu gewährleisten, und zwar möglichst ohne qualitative Einbußen. Das Beendigungsmanagement umfasst die mit der Betriebsübernahme verbundenen Aspekte und Faktoren der operativen Zusammenarbeit, der Organisation, der Kosten und der Rechts- bzw. Vertragslage. Die Hauptverantwortung für die Durchführung liegt in den Händen des auslagernden Unternehmens.

Aus Beratererfahrung ist gerade das Beendigungsmanagement auf beiden Seiten eine sehr emotionale Angelegenheit. Das Ende einer Dienstleistungsbeziehung wird dabei seltener durch eine niedrige Beziehungs- oder Leistungsqualität ausgelöst, wie man vielleicht vermuten könnte. In erster Linie sind solche Vorgänge wirtschaftlich motiviert. Gerade deshalb können auch bei gegebenen guten informellen Beziehungen in einer solchen Situation die Emotionen „hochkochen".

Die wichtigste Empfehlung für beide Seiten lautet dabei fair miteinander umzugehen und den Prozess mit einer hohen Professionalität abzuwickeln, denn, man sieht sich immer „zweimal im Leben".

5.5 *Zusammenfassende Beurteilung*

In dieser Studie wird deutlich, dass ein maßgeblicher Faktor für das Gelingen eines IT-Outsourcings die Beziehungsqualität zwischen dem auslagernden Finanzdienstleister und dem Provider ist. Dieser Aspekt ist für das Management beider Partner eher „soft" und schwer zu „packen". Jedoch wurden in diesem Kapitel eine ganze Reihe „handfester" und „planbarer" Maßnahmen erwähnt, die eindeutig zu einer positiven Beeinflussung der Beziehungsqualität führen.

Das vorliegende Dokument bietet Anhaltspunkte für beide Seiten, ein erfolgreiches Outsourcing zu initiieren bzw. eine bestehende Beziehung zu verbessern. Die Studie und die Erfahrung der microfin Unternehmensberatung zeigen eindeutig, dass der Aspekt der Beziehungsqualität nicht unterschätzt werden sollte, sondern ein zentraler Faktor ist, der über Erfolg oder Misserfolg im IT-Outsourcing (mit-) entscheidet, an dem also aktiv „auf allen Ebenen gearbeitet" werden muss.

6 Literaturverzeichnis

Anderson, J.C. und Narus, J.A. (1990). A Model of Distributor Firm and Manufacturer Firm Working Partnerships. Journal of Marketing, 54 (1), pp. 42-58.

Anderson, S.W. und Dekker, H.C. (2005). Management Control for Market Transactions: The Relation Between Transaction Characteristics, Incomplete Contract Design, and Subsequent Performance. Management Science, 51 (12), pp. 1734-1753.

Ang, S. und Straub, D. (1998). Production and Transaction Economies and IS Outsourcing: A Study of the U.S. Banking Industry. MIS Quarterly, 22 (4), pp. 535-552.

Aubert, B.A., Dussault, S., Rivard, S. und Patry, M. (1999). Managing the Risk of IT Outsourcing. 32nd Hawaii International Conference on System Sciences (HICSS-32) IEEE Computer Society, Waikoloa, Hawaii.

Bahli, B. und Rivard, S. (2003). A Validation of Measures Associated with the Risk Factors in Information Technology Outsourcing. 36th Hawaii International Conference on System Sciences (HICSS-36 IEEE Computer Society, Hawaii, USA.

Bakos, Y. und Brynjolfsson, E. (1993). From Vendors to Partners: Information Technology and incomplete Contracts in Buyer Supplier Relationships. Journal of Organizational Computing, 3 (3), pp. 301-328.

Beimborn, D. und Blumenberg, S. (2007). How to Measure Relationships – Merging Alignment and Outsourcing Research towards a Unified Relationship Quality Construct. 13th Americas Conference on Information Systems (AMCIS), Keystone, Colorado, USA.

Bergeron, F., Raymond, L. und Rivard, S. (2004). Ideal Patterns of strategic Alignment and Business Performance. Information & Management, 41 (8), pp. 1003-1020.

Blumenberg, S. (2008). IT Outsourcing Relationship Quality Dimensions and Drivers: Empirical Evidence from the Financial Industry. 14th Americas Conference on Information Systems (AMCIS), Toronto, Ontario, Canada.

Blumenberg, S., Beimborn, D. und König, W. (2008). Determinants of IT Outsourcing Relationships: A Conceptual Model. 41st Hawaii International Conference on System Sciences, Hawaii, USA.

Clark, T., Zmud, R. und McCray, G. (1998) The Outsourcing of Information Services: Transforming the Nature of Business in the Information Industry. In Strategic Sourcing of Information Systems(Eds, Willcocks, L. and Lacity, M.) Wiley, New York, pp. 408.

Das, T.K. und Teng, B.-S. (2001). Trust, Control, and Risk in Strategic Alliances: An Integrated Framework. Organization Studies, 22 (2), pp. 251-283.

Dibbern, J., Goles, T., Hirschheim, R. und Jayatilaka, B. (2004). Information Systems Outsourcing: A Survey and Analysis of the Literature. The DATA BASE for Advances in Information Systems, 35 6 - 102.

Dubé, L. und Paré, G. (2003). Rigor in Information Systems positivist Case Research: Current Practices, Trends, and Recommendations. MIS Quarterly, 27 (4), pp. 597-635.

Dwyer, F.R., Schurr, P. und Oh, S. (1987). Developing Buyer-Seller Relationships. Journal of Marketing, 51 (2), pp. 11-27.

Fontenot, R.J. und Wilson, E., J. (1997). Relational Exchange: A Review of Selected Models for a Prediction Matrix of Relationship Activities. Journal of Business Research, 39 (1), pp. 5-12.

Gellings, C. (2007). Outsourcing Relationships: The Contract as IT Governance Tool. 40th Hawaiian International Conference on System Sciences, Hawaii, USA.

Gellings, C. und Wüllenweber, K. (2006). The Impact of Contract Design on Outsourcing Success: Csae Studies on Risk Mitigation Measures. 12th Americas Conference on Information Systems, Acapulco, Mexico.

Goles, T. (2001). The Impact of the Client-Vendor Relationship on Information Systems Outsourcing Success. The Faculty of Bauer College of Business, University of Houston, Houston.

Goles, T. (2003). Vendor Capabilities and Outsourcing Success: A Resource-based View. Wirtschaftsinformatik, 45 (2), pp. 199-206.

Goles, T. und Chin, W.W. (2005). Information Systems Outsourcing Relationship Factors: Detailed Conceptualization and Initial Evidence. The DATA BASE for Advances in Information Systems, 36 (4), pp. 47-67.

Goo, J. und Nam, K. (2007). Contract as a Source of Trust – Commitment in Succesfull IT Oursourcing Relationships: An Empirical Study. 40th Hawaii International Conference on System Sciences, Vol. 40, Hawaii.

Grover, V., Cheon, M.J. und Teng, J.T.C. (1996). The Effect of Service Quality and Parntership on the Outsourcing of Information Systems Functions. Journal of Management Information Systems, 12 (4), pp. 89-116.

Hart, O. (1988). Incomplete Contracts and the Theory of the Firm. Journal of Law, Economics, and Organization, 4 (1), pp. 119-139.

Heide, J.B. und John, G. (1992). Do Norms Matter in Marketing Relationships? Journal of Marketing, 56 (2), pp. 32-44.

Kern, T. und Blois, K. (2002). Norm Developments in Outsourcing Relationships. Journal of Information Technology, 17 (1), pp. 33-42.

Kern, T. und Willcocks, L. (2000a). Contracts, Control and "Presentation" in IT Outsourcing: Research in Thirteen UK Organizations. Journal of Global Information Management, 8 (4), pp.

Kern, T. und Willcocks, L. (2000b). Exploring Information Technology Outsourcing Relationships: Theory and Practice. Journal of Strategic Information Systems, 9 (4), pp. 321-350.

Kern, T. und Willcocks, L.P. (2002). Exploring Relationships in Information Technology Outsourcing: The Interaction Approach. European Journal of Information Systems, 11 3-19.

Kettinger, W.J. und Lee, C.C. (1997). Pragmatic Perspectives on the Measurement of IS Service Quality. MIS Quarterly, 21 (2), pp. 223-240.

Kishore, R., Rao, H.R., Nam, K., Rajagopalan, S. und Chaudhury, A. (2003). A Relationship Perspective on IT Outsourcing. Communications of the ACM, 46 (12), pp. 87-92.

Klepper, R. (1995). The Management of Partnering Development in IS Outsourcing. Journal of Information Technology, 10 249-258.

Lacity, M. und Willcocks, L. (2003). IT Sourcing Reflections - Lessons for Customers and Suppliers. Wirtschaftsinformatik, 45 115 - 125.

Lacity, M.C. und Hirschheim, R. (1993a). The Information Systems Outsourcing Bandwagon. Sloan Management Review, 35 (1), pp. 73-86.

Lacity, M.C. und Hirschheim, R.A. (1993b). Information Systems Outsourcing: Myths, Metaphors, and Realities. Wiley, Chicester.

Lacity, M.C. und Willcocks, L.P. (1995). Interpreting Information Technology Outsourcing Decisions from a transaction cost perspective: Findings and Critique. Accounting, Management & Information Technology, 5 (3/4), pp. 203 - 244.

Lacity, M.C. und Willcocks, L.P. (1998). An empirical Investigation of Information Technology Sourcing Practices: Lessons from Experience. MIS Quarterly, 22 (3), pp. 363-408.

Lacity, M.C. und Willcocks, L.P. (2001). Global Information Technology Outsourcing: In Search of Business Advantage. Jossey-Bass, New York.

Lee, J.-N. (2001). The Impact of Knowledge Sharing, Organizational Capability and Partnership Quality on IS Outsourcing Success. Information and Management, 38 323-335.

Lee, J.-N., Huynh, M.Q., Kwok, R.C.-W. und Pi, S.-M. (2003). IT Outsourcing Evolution- Past, Present and Future. Communications of the ACM, 46 (5), pp. 84 - 89.

Lee, J.-N. und Kim, Y.-G. (1999). Effect of Partnership Quality on IS Outsourcing Success: Conceptual Framework and empirical Validation. Journal of Management Information Systems, 15 (4), pp. 29-61.

Lee, J.N., Huynh, M.Q. und Hirscheim, R. (2008). An integrative Model of Trust on IT Outsourcing: Examining a bilateral Perspecitve. Information Systems Frontiers, 10 (2), pp. 145-163.

Loh, L. und Venkatraman, N. (1992). Determinants of Information Technology Outsourcing: A Cross-Sectional Analysis. Journal of Management Information Systems, 9 (1), pp. 7-24.

Luftman, J. (2003). Assessing IT/Business Alignment. Information System Management, 20 (4), pp. 9-15.

Luftman, J., Papp, R. und Brier, T. (1999). Enablers and Inhibitors of Business-IT Alignment. Communications of the Association for Information Systems, 1 (3), pp. 1-33.

MacNeil, I.R. (1980). The New Social Contract: An Inquiry into Modern Contractual Relations. Yale University Press, New London.

Marcolin, B.L. und Ross, A. (2005). Complexities in IS Sourcing: Equifinality and Relationship Management. The DATA BASE for Advances in Information Systems, 36 (4), pp. 29-46.

Martin Jr., T.N. (1979). A Contextual Model of Employee Turnover Intentions. The Academy of Management Journal, 22 (2), pp. 313-324.

McFarlan, F. und Nolan, R. (1995). How to manage an IS Outsourcing Alliance. Sloan Management Review, 36 (2), pp. 9-23.

Mejias, R.J., Shepherd, M.M., Vogel, D.R. und Lazaneo, L. (1996). Consensus and Perceived Satisfaction Levels: A Cross-Cultural Comparison of GSS and Non-GSS Outcomes within and between the United States and Mexico. Journal of Management Information Systems, 13 (3), pp. 137-161.

Mohr, J. und Spekman, R. (1994). Characteristics of Partnership Success: Partnership Attributes, Communication Behavior, and Conflict Resolution Techniques. Strategic Management Journal, 15 (2), pp. 135-152.

Parasuraman, A., Berry, L.L. und Zeithaml, C.P. (1991). Refinement and Reassessment of the SERVQUAL Scale. Journal of Retailing, 70 (3), pp. 201-230.

Parasuraman, A., Zeithaml, C.P. und Berry, L.L. (1985). A Conceptual Model of Service Quality and its Implications for Future Research. Journal of Marketing, 49 (4), pp. 41-50.

Parasuraman, A., Zeithaml, V.A. und Berry, L.L. (1994). Alternative Scales for Measuring Service Quality: A Comparative Assessment based on psychometric and diagnostic Criteria. Journal of Retailing, 70 (3), pp. 201-230.

Parkhe, A. (1993). Messy Research, Methodological Predispositions, and Theory Development in International Joint Ventures. Academy of Management Review, 18 (2), pp. 227-268.

Poppo, L. und Zenger, T. (2002). Do Formal Contracts and Relational Governance Function as Substitutes or Complements? Strategic Management Journal, 23 (8), pp. 707-725.

Reich, B.H. und Benbasat, I. (2000). Factors that Influence the Social Dimension of Alignment Between Business and Information Technology Objectives. MIS Quarterly, 24 (1), pp. 81-113.

Ring, P.S. und Van de Ven, A.H. (1994). Developmental Processes of Cooperative Interorganizational Relationships. Academy of Management Review, 19 (1), pp. 90-118.

Subramani, M.R., Henderson, J.C. und Cooprider, J.G. (1999). Linking IS-User Partnerships to IS Performance: A Socio-Cognitive Perspektive.

Teo, H.H., Wei, K.K. und Benbasat, I. (2003). Predicting Intention to adopt Interorganizational Linkages: An Institutional Perspective. MIS Quarterly, 27 (1), pp. 19-49.

Tiwana, A., Bharadwaj, A. und Sambamurthy, V. (2003). The Antecendents of Information Systems Development Capability in Firms: A Knowledge Integration Perspective. Twenty-Fourth International Conference on Information Systems, Seattle, Washington, pp. 246-258.

Wagner, H.-T. und Weitzel, T. (2006). Operational IT Business Alignment as the Missing Link from IT Strategy to Firm Success. 12th Americas Conference on Information Systems (AMCIS 2006), Acapulco, Mexico.

Willcocks, L. und Kern, H.J. (1998). IT Outsourcing as Strategic Partnering: The Case of the UK Inland Revenue. European Journal of Information Systems, 7 (1), pp. 29-45.

Wüllenweber, K., Janisch, A., Monsport, A., Weitzel, T. und König, W. (2008). Governance im Business Process Outsourcing – Eine Analyse der Steuerung von Outsourcing-Projekten bei Deutschlands 500 größten Kreditinstituten. Books on Demand, Norderstedt.

Yin, R.K. (2003) Case Study Research. In Design and Methods, Vol. 5 SAGE.

7 Anhang: Interviewleitfaden

Der nachfolgende Interviewleitfaden wurde bei den untersuchten FDL als Gesprächsgrundlage eingesetzt. Für die Befragung der Provider wurde ein sehr ähnlicher, an manchen Stellen angepasster Fragebogen genutzt.

Kontextfragen

- Werdegang des Gesprächspartners (seit wann in der Firma, welche Erfahrung bei FDL oder Providern?)
- Organisatorische Aufstellung (welche Aufgaben haben Sie im Unternehmen inne?)
- Welche Outsourcingbeziehung (inkl. BPO) gibt es in Ihrem Unternehmen?
- In welche Beziehungen sind Sie in welcher Form involviert? Wie viele Jahre Erfahrungen haben Sie insgesamt mit Outsourcing?
- Haben Sie auch mit der IT-Abteilung / der Fachabteilung innerhalb Ihres Unternehmens zusammengearbeitet? Wenn ja, wie lange?
- Mit wie vielen Providern/FDL haben Sie bisher zusammen gearbeitet?
- Bitte gehen Sie im Folgenden auf eine bestimmte Outsourcingbeziehung ein, die entweder besonders gut oder besonders schlecht läuft / gelaufen ist.
    - Alternativ: Identifizieren Sie einen Zeitpunkt in einer Outsourcingbeziehung, zu welchem die Beziehung besonders gut oder besonders schlecht gelaufen ist.
    - *(Alle nachfolgenden Fragen und Antworten sollen sich auf diese konkrete Beziehung (Zeit in einer Beziehung) beziehen)!*
- Wie alt ist diese Outsourcingbeziehung? Geben Sie bitte den Zeitpunkt des Beginns und des Endes an? Welche Leistungen erbringt der Provider / erbringen Sie gegenüber dem Serviceempfänger? Wer ist der Provider / der Kunde?

Beziehungsqualität

Gegenseitiges fachliches Verständnis

- Versteht der Provider das Bankgeschäft und ist sich der Geschäftsrelevanz bedeutender Themen bewusst? Branchenkompetenz des Providers?
- Inwieweit hat der eigene VendorManager eine „Doppelkompetenz"? Inwieweit hat der Account-Manager aufseiten des Vendors eine Doppelkompetenz?
(persönliche Historie der Personen)
- Verwenden Sie ein gemeinsam erarbeitetes / abgestimmtes "IT-Vokabular"?

Kommunikationsqualität

- Werden Unzulänglichkeiten gemeinsam, offen, konstruktiv und zielgerichtet diskutiert? Wird bei Problemen und Eskalationen mit dem Partner immer eine für beide Seiten akzeptable Lösung gefunden?
- Wird vor Eskalation in höhere Managementebenen auf beiden Seiten ernsthaft versucht Lösungen zu finden?
- Erfolgt die Kommunikation mit dem Vertragspartner auf der jeweils hierfür vorgesehenen Ebene?

Vertrauen

- Beziehen Sie Ihren Dienstleister in die eigene Strategieentwicklung ein?
- Wird Ihr Provider zu internen Meetings eingeladen?
- Prüfen Sie Ihren Dienstleister weniger als sie könnten?
- Verlassen Sie sich auf die Qualitätssicherungsprozesse Ihres Providers?

- Muss alles schriftlich fixiert werden?
- Werden Probleme offen angesprochen?
- Ist der Gegenüber kritikfähig?
- Legt Ihr Provider seine Kalkulation offen (open book procedure)? Wäre er bereit sie offen zu legen?
- Haben Sie Pönalen vereinbart? Falls ja, wie notwendig sind sie?

Einflussmöglichkeit

- Haben Sie Mitgestaltungsmöglichkeiten bei der Personalgestaltung des Providers (sowie vice versa)?
- Können Sie direkt in die Serviceprozesse Ihres Dienstleisters eingreifen (z. B. Repriorisierung von Tickets)?

Commitment

- Wie schnell steht bei Problemen qualifiziertes Personal zur Verfügung?
- Wie hoch ist die Investitionsbereitschaft des Providers?
- Wie schnell reagiert der Provider bei Problemen?
- Hat der Provider in Ihrem Haus eher den Status eines strategischen Partners oder den eines Lieferanten?

Konflikt

- Wie häufig werden Probleme eskaliert? Wie häufig muss der Vertrag aus der Schublade gezogen werden? Übersteigt die Zahl der geschäftskritischen Ausfälle der ausgelagerten Leistungen den tolerierbaren Bereich?
- Wurden schon einmal Zahlungen zurückgehalten?
- Wurde schon mal ein neutraler Dritter (Schlichter) eingesetzt?
- Gab es Eskalationen, die gerichtlich geklärt werden mussten?

Konsens

- Werden Konflikte immer mit beidseitiger Kompromissbereitschaft gelöst?
- Gibt es Streitpunkte in Ihrer Beziehung, die seit längerem offen sind und für die keine Lösung absehbar ist?
- Wie gut sind beide Parteien in der Lage ein Einvernehmen in Bezug auf die meisten Themen zu erlangen?
- Bewertung der Aussage: Eskalation ist das einzig wirksame Steuerungsinstrument in unserer Beziehung.

Kongruenz

- Gibt es einen gemeinsamen Projektplan?
- Inwieweit wurden gemeinsame Ziele definiert? Wurde ein gemeinsamer Business Case gerechnet?
- Gibt es ein gemeinsames Streben nach „Win-win“? Woran machen Sie das fest?

Flexibilität

- Beurteilung der Aussage: Notwendige wirtschaftliche und technologische Anpassungen werden flexibel und schnell von Ihrem Dienstleister umgesetzt.

Nachsichtigkeit

- Wie kompromissbereit sind Sie? Wie kompromissbereit ist Ihr Provider?
- Wird auch mal auf Claims (finanzielle Forderungen, Pönalen) verzichtet?
- Werden Nichtzulieferungen, Verfehlungen und Fehler in einem großen Kreis (z. B. persönlich oder per Mail) kommuniziert?

Einflussfaktoren

Kommunikationsfaktoren

Formelle Kommunikation

- Wie häufig finden regelmäßige Meetings mit welchen Zielsetzungen statt? Was wird besprochen? Auch strategische Themen?
- Nehmen an den Meetings immer alle Personen teil, die teilnehmen sollten? Gibt es häufiger Vertretungen?
- Werden Protokolle erstellt? Wer erstellt diese? Wie zufriedenstellend sind diese? Was passiert im Anschluss damit (werden sie abgearbeitet)?
- Wann und warum gibt es außerplanmäßige Meetings? Beispiele? Ist es einfach, diese kurzfristig mit dem Provider anzuberaumen (oder wenigstens TelKos)?

Informelle Kommunikation

- Welchen Umfang (%) macht informelle Kommunikation aus? Auf welcher Hierarchieebene?
- Mitarbeiter der Partner stimmen sich vor offiziellen Meetings informell ab.
- Werden regelmäßig außerbetriebliche Events veranstaltet bzw. gefördert (Stammtisch, gemeinsame Sportaktivitäten etc.)?
- Beurteilung der Aussage: Die wichtigen Dinge werden nicht in Meetings besprochen.

Kommunikationskanäle

- Ist das Verhältnis zwischen E-Mail, Telefon und physischem Kontakt ideal? Ändert es sich bei Konflikten (entweder mehr direkter Kontakt oder mehr Schriftverkehr)? Wird generell zu viel schriftlich kommuniziert?
- Wird eine Statistik über die Verwendung der verschiedenen Kanäle geführt?
- Ist ein "rotes Telefon" oder etwas Vergleichbares installiert?

Strategic Fit

- Kennen alle Mitarbeiter den Sourcingvertrag?
- Versteht die operative Ebene die Entscheidungen der strategischen Ebene?
- Die Mitarbeiter des Providers verstehen die Notwendigkeit einer guten und engen Zusammenarbeit mit den Mitarbeitern der Bank. Umgekehrt?

Interpersonelle Bindungen

- Gibt es zwischen dem Personal bei Ihnen und dem Provider persönliche Kontakte zwischen den Mitarbeitern? Mehr auf der unteren oder auf der oberen Ebene?
- Wie stabil ist die Personalstruktur Ihres Dienstleisters – auf allen Hierarchieebenen?
- Wie stark achten Sie darauf, dass Ihr Vendor Manager und andere Kontakte – auch auf niedrigen Hierarchieebenen – stabil bleiben?

Strukturelle Faktoren

Routinen zum Wissensaustausch

- Welche Maßnahmen wurden zu Beginn der Beziehung oder werden periodisch / permanent realisiert, um ein hinreichendes gegenseitiges fachliches Verständnis zu erreichen *(Beispiele: Job-Rotation, gemeinsamer Besuch von Fachkonferenzen, gemeinsame periodische Workshops, Diskussionforen, Wikis, Glossare, Abteilungsnewsletter an die Providermitarbeiter, Coaching, Road Shows)?*
- Gibt es gemischte Arbeitsgruppen, in denen Ihre Mitarbeiter mit Mitarbeitern des Partnerunternehmens dauerhaft zusammenarbeiten?
- Gab es Vertragsanpassungen wegen inhaltlicher Missverständnisse?
- Kann der Provider fachliche Anforderungen effektiv erfassen und umsetzen?

Routinen zur Konfliktlösung

- Gibt es für die Lösung von Konflikten eine vereinbarte Governancestruktur? Wie sieht diese aus?
- Haben Sie Personal, das dediziert für Deeskalation geschult ist?
- Ist für betriebskritische Situationen ein eigener Prozess definiert?

Teilung von Nutzen und Risiken der Beziehung

- Partizipieren beide Parteien an den Ergebnissen aus einer Adjustierung von SLAs und daraus gewonnenen Kosteneffizienzen?
- Wird ein gemeinsames Risikomanagement betrieben und partizipieren beide Parteien hiervon?
- Wer partizipiert am üblichen Preisverfall von Hardware?

Grad der Prozessdokumentation

- Gibt es eine gemeinsame Prozessdokumentation (hinsichtlich des ges. Geschäftsprozesses)?
- Ist diese für alle zugreifbar? Ist sie übersichtlich u. verständlich für beide Seiten und alle Ebenen? Ist sie gemeinsam entwickelt worden?
- Gibt es eine gemeinsame Knowledge Base (Repositories, Procedures Manual, Wikis, Glossare)?
- Gibt es eine gemeinsame Dokumentation von Kommunikationsschnittstellen, Verantwortlichkeitsmatrizen, Eskalationsprozessen und den eigentlichen Kommunikationsinhalten?

Kommunikationsstrukturen

- Gibt es einen "single point of contact"?
- Kann man direkten Kontakt zu nachgelagerten Spezialisten beim Provider aufnehmen?
- Gibt es explizite Kommunikationseinschränkungen? Dürfen bestimmte Hierarchieebenen nicht direkt mit anderen des Partners kommunizieren?
- Wird explizit auf eine Spiegelorganisation hingewirkt?
- Welche Vereinbarungen hinsichtlich der Kommunikationsstruktur/-abläufe wurden über die Zeit angepasst? Warum?
- Gibt es einen „verkürzten“ Change-Prozess für kleinere Änderungen?

Schnittstellenstrukturen

- Gibt es eine Liasion-Einheit/-Person?
- Gibt es ein Telefonverzeichnis, mit dem sich für jedes Problem der richtige Ansprechpartner finden lässt?
- Gibt es einen verantwortlichen Ansprechpartner für nicht eindeutig zuordenbare Themen?

Kontrollmechanismen zur Leistungsüberwachung

- Wird selbst gemessen oder werden nur Reports abgefragt? Was sind typische KPIs?
- Passiert ein regelmäßiges Benchmarking? Welcher Art?
- Wie viele Arbeitstage pro Person investieren Sie pro Monat in das Monitoring / SLA-Controlling?
- Lassen Sie sich Konkurrenzangebote anfertigen für Leistungen die bereits der Partner übernimmt?
- Setzen Sie für ähnliche bzw. verwandte Leistungskomplexe unterschiedliche Provider zur Aufrechterhaltung einer Konkurrenzsituation ein?

Signalmechanismen

- Muss der Provider die Kompetenzen seiner Mitarbeiter explizit nachweisen bzw. weist er sie nach?

Vertragliche Faktoren

- SLAs (Gibt es SLAs? Wie detailliert sind diese? Sind Sie mit den SLAs zufrieden? Wird die Erfüllung der SLAs überwacht?)
- Penalty-Reward-System (Wurden Pönalen definiert, wenn die Service Levels nicht erfüllt werden? Verbindung SLA zu Pricing? Gibt es auch Bonusregelungen?)
- Haftungsklauseln (Existieren Haftungsklauseln? Wird bei diesen zwischen Vorsatz, leichter und grober Fahrlässigkeit unterschieden? Wer trägt den Schaden? Koppelung der Schadenshöhe an Dealvolumen oder pauschal?)
- Pricingklauseln (Fix- oder variables Pricing? Preisanpassungsklauseln?)
- Benchmarking (Ist ein Preisvergleich im Vertrag festgelegt, damit der FDL die Preise des Providers mit anderen vergleichen kann?)
- Wiederverhandlung: Sind Wiederverhandlungsklauseln im Vertrag festgelegt? Klauseln zu frühzeitigen Abbruch?)
- Preisdeckelung (Sind Minimal- oder Maximalpreise festgelegt?)
- Standard- oder Individualvertrag?

Servicequalität

- Wie hoch bewerten Sie die Servicequalität des Providers auf einer Skala von 1 (sehr niedrig) bis 10 (sehr hoch)? (LIKERT)
- Worin äußert sich die Servicequalität in der oben genannten Outsourcingbeziehung? Was macht die gute / schlechte Servicequalität dieser Beziehung aus?
- Haben Sie das Gefühl, dass die Servicequalität sich seit Beginn der Beziehung verbessert, verschlechtert oder konstant bleibt?
- Welchen Anteil in Prozent hat die von Ihnen angegebene(n) Servicequalität(en) für den gesamten Erfolg / Misserfolg des Outsourcingdeals?

Zuverlässigkeit

- Hat der Provider bisher alle Fristen eingehalten, also innerhalb eines vertraglich festgelegten Zeitraums ein Problem gelöst? Wie oft nicht? Beschreiben Sie ein typisches Szenario, bei dem die Fristen nicht eingehalten wurden.
- Sind alle Schritte des Providers sorgfältig durchdacht, ist er richtig vorbereitet? Wenn nicht, woran liegt dies nach Ihrer Ansicht?
- Wie oft kommt es zu Störungen? Wie viele Reklamationsmails?
- Stellt der Provider ausreichende materielle Ressourcen zur Verfügung, um eine erfolgreiche Beziehung zu garantieren?
- Sind Projekte in Time und in Budget? Sind die Lösungen effizient und effektiv? Verlaufen die Projekte konfliktarm?

Leistungskompetenz

- Werden Sie bei unerwarteten Problemen so schnell wie möglich von Ihrem Provider informiert? Wenn nicht, haben Sie das Gefühl oder sogar das Wissen, dass Dinge vertuscht wurden / werden? Woran liegt das nach Ihrer Meinung?
- Gibt es Zeitpunkte, zu denen der Provider unhöflich reagiert? Wenn ja, worauf führen Sie sein Verhalten zurück: fachliche Überforderung, allgemeiner Stress oder sonstiges?
- Bitte schätzen sie auf einer Skala von 1 (sehr niedrig) bis 10 (sehr hoch) die IT-Kompetenz der Mitarbeiter des Providers ein.

Einfühlungsvermögen

- Versteht der Provider Ihre Wünsche und Anliegen, ist er in der Lage, diese schnell zu erfassen? Setzt er Ihre Wünsche und Anliegen auch adäquat um?
- Erinnern Sie sich an eine Situation, bei der kein Ansprechpartner zu Verfügung stand? Wie wurde das Problem gelöst?
- Wie häufig wurden die vertraglichen Vereinbarungen angepasst, um auf veränderte wirtschaftliche oder technologische Rahmenbedingungen zu reagieren?
- Wie kompromissbereit ist Ihr Provider?

Reagibilität

- Wie schnell reagiert der Provider bei Problemen?
- Wie schnell steht bei Problemen qualifiziertes Personal zur Verfügung?
- Haben Sie das Gefühl, dass der Provider besser auf Ihre Änderungswünsche eingehen könnte, dies aber aus ökonomischen Gründen nicht tut?
- Bewertung der Aussage: Notwendige wirtschaftliche und technologische Anpassungen werden flexibel und schnell von Ihrem Dienstleister umgesetzt.

Materielle Gegenstände

- Sorgt der Provider dafür, dass Sie mit aktueller Soft- bzw. Hardware ausgestattet sind?
- Wenn „nein“: Warum nicht?
- Stellt der Provider Supportmaterial wie z. B. Dokumentationen, Training oder Videos zur Verfügung?

Proaktivität

- Macht der Provider eigenständig Verbesserungsvorschläge? Wie effektiv und praktikabel sind diese?

Kontextfaktoren

Erfahrungen des Unternehmens mit dem konkreten Provider

- Wie groß ist die geografische Distanz? Gibt es Onsite-Personal des Providers vor Ort?
- Wie lange läuft der Vertrag? Ist ein vorzeitiger Ausstieg möglich?
- Wurde der Vertrag schon verlängert? Welche inhaltlichen Veränderungen wurden dabei vorgenommen?
- Welche Bedeutung hat Ihr Unternehmen für den Provider (Umsatzanteil am Gesamtumsatz, Management-Attention aufgrund besonderer Situation / politischer Motivationen)?

Kulturelle Ähnlichkeit zu dem Provider

- Sind die Arbeitskulturen der beiden Häuser vergleichbar?
- Gibt es auf Ihrer Seite / der Seite des Providers die Bereitschaft bei Problemen oder beim Ausrollen neuer Projekte am Wochenende / abends zu arbeiten?

Komplexität der erbrachten Dienstleistung

- Ist die Dienstleistung hinreichend kontrollierbar?
- Wie lange dauert es, bis ein neuer Vendor Manager die Beziehung eigenständig managen kann?

Spezifität der erbrachten Dienstleistung

- Wie schnell und leicht können Sie den Provider wechseln? Gibt es Alternativen auf dem Markt? Ist die Leistung für Sie eine Commodity?
- Können die Leistungen anhand "Standard"-Benchmarks mit denen anderer verglichen werden?
- Betreut Ihr Provider auch Eigenentwicklungen (z. B. Individualsoftware) aus Ihrem Haus?

Generelle Einschätzung von Outsourcingerfolg und Beziehungsqualität

- Hat sich das Outsourcing gelohnt ? Welches sind die realisierten Outsourcingvorteile?
- Würden Sie die gleiche Beziehung noch einmal eingehen? Werden Sie die Beziehung verlängern? Was würden Sie anders machen? Würden Sie den Provider weiterempfehlen?
- Treten Sie bei neuen Anforderungen zuerst an Ihren Provider heran, bevor Sie sich auf dem Drittmarkt umschauen oder ausschreiben?
- Wie würden Sie die Beziehungsqualität auf einer Skala von 1 (schlecht) bis 10 (sehr gut) bewerten? (Vergleich bei mehreren Beziehungen oder Zeitpunkten.) Wie schätzen Sie die Sicht verschiedener Hierarchieebenen ein?

***ibidem*-Verlag**
Melchiorstr. 15
D-70439 Stuttgart
info@ibidem-verlag.de

www.ibidem-verlag.de
www.ibidem.eu
www.edition-noema.de
www.autorenbetreuung.de